好想住文艺风的家

卧室设计与软装搭配

夏然 编著

江苏凤凰科学技术出版社

卧室是放空的地方

对枕、席毯，软绵绵
深蜷、溺陷，惺忪眼
我们有太多和梦有关的希望
来得快，去得也快
希望上班路上不要堵车
希望地铁上可以有座儿
希望工资卡永远用不完
希望信用卡永远不用还
……
想多了
确实很累
请停下
打开卧室的灯
找到进入被窝的完美模式
其实
再精彩的白昼
终归
落入沉睡的暮夜
忘却白日里的纷争、算计
不纠结
才能睡得更香
梦无非是白日的投影
梦无非是欲望的窥视
梦无非是得不到的追求
梦非梦
在整理卧室的过程中
越来越看清世事
不断地卸载白日的负担
不断地远离无谓的琐事
不断地简化外界的辐射
不断地靠近内心的渴望
一夜一觉，一觉一梦，一梦一醒，一醒一生
如此
便能焕然一新
只专宠
悦心主义者
卧室是放空的地方

卧室进化论

“卧室”一词的由来目前已经很难考证。唐代李翱在《祭韩吏部文》中写道“兄以疾休，我病卧室”，意思是卧于室内，犹卧床。古人一般将卧室叫作“寝室”“卧房”“内室”“睡房”。老一辈的人对于卧室并没有太详细的划分，特别是在改革开放前，许多家庭都住在筒子楼的一居室里，所以基本是一张床、一个大立柜放在屋子的中间，拉上帘子就把屋子隔成了两间，除了厨房和卫生间，餐厅、客厅、书房、卧室等的家居功能几乎都在一个空间内完成。那时的床基本上都由单一木方构成，为简单的构造、单调的木质颜色。在床架上面平铺竹块，然后垫上一定厚度的稻草，稻草起到了今天床垫的作用。一直到 20 世纪 80 年代，才区分出客厅和卧室，但因为都是小客厅，所以无法完全担负聚会、访客等功能，部分的社交功能还是会移到卧室完成。那时的床一般都会靠墙放置，然后在墙上钉上报纸、牛皮纸或者好看的花布装饰。直到 20 世纪 90 年代初“席梦思”才走入老百姓的家里。如今的卧室不仅宽敞明亮，设计了飘窗，而且风格讲究，健康舒适。《好想住文艺风的家 客厅设计与软装搭配》一书中，我们谈到了“大厅小寝”，埋了个伏笔，那么本书就带我们去看看“何为小寝”？

何为小寝之实验设计（一）	寝室面积（单位：平方米）	实验设计	能量消耗（单位：分钟）	空间定义
	10	一匹的空调，启动 30 分钟后房间即可降温，并维持恒温	30	小寝
	100	一匹的空调，启动后，尽管空调不停制冷，但房间温度依然无法达到预期效果	*n*	大空间

何为小寝之实验设计（二）	寝室面积（单位：平方米）	实验设计	能量消耗（单位：分钟）	空间定义
	1	假设卧室里只有床（床品、床具），起床后 3 分钟内就可以完成收纳整理	3	小寝
	10 +	假设卧室除了床（床品、床具），还有笔记本电脑、手机、零食、抽纸、杯子、花瓶等，那么起床后至少需要 5 分钟甚至更长时间才能完成收纳整理	5 +	大空间

何为小寝之实验设计（三）	寝室面积（单位：平方米）	实验设计	能量消耗（单位：分钟）	空间定义
	1	80% 的人们进入同一色系的卧室会觉得舒适，呼吸更平缓，心率保持在 70 次 / 分钟左右	70	小寝
	3 +	65% 的人们在进入撞色或多色调卧室的时候会觉得杂乱，呼吸加速，心率提高到 85 次 / 分钟左右	85	大空间

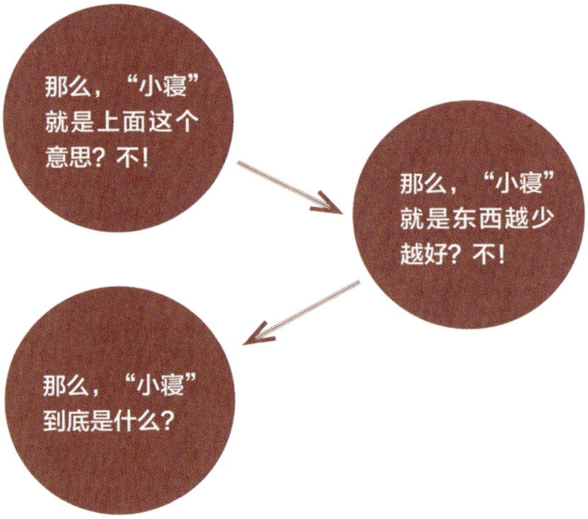

评估一下，你的卧室是不是小寝？

□ 很难找到一套自己很喜欢的床品。
□ 每天就像有强迫症一样，到点就想起床。
□ 一躺到床上，脑子就不停地想白天的工作。
□ 床头堆满了乱七八糟的东西，自己都不知道是什么。
□ 除了床和柜子，卧室没有其他家具。
□ 晨间卧室光线过强，影响睡眠。

以上 6 个问题，按照回答“是”的数量，评估自己的卧室是否属于小寝：
不属于小寝
属于小寝

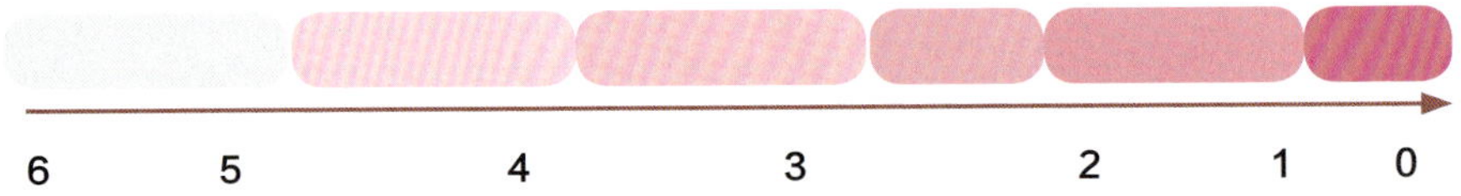

结论：所谓“小寝”就是在 10 平方米以内的就寝面积，不单纯是卧室的概念，如果卧室面积过大，则可以通过改变空间功能结构的方式，来完成“小寝”的构造，具体操作在本书中会有详细的介绍。对于夫妻双人卧室来说，“小寝”则不能超过 15 平方米，并且尽量不要在卧室中设计套房，卧室也不适宜有太多的窗户，不容易聚气，各种建筑材料也会影响人的身体健康。除此之外，“小寝”还是一个私密空间，就算赤裸入眠也不会缺乏安全感，只有这样的“小寝”设计才能真的让你一夜安睡！

为什么要阅读此书

生活有时像一轮漩涡，日子过着过着就溺陷了。

卧室不仅是睡觉、撒欢儿、发泄、哭闹的地方，好的卧室还应该具备疗愈、抽离、养生、修心的功能。

这是一本让你重新认识卧室的读物，从没有一个时刻，让你深深地认识到，卧室的能量如此之大。

卡夫卡曾说："心脏是一座有两间卧室的房子，一间住着痛苦，另一间住着欢乐，人不能笑得太响，否则笑声会吵醒隔壁房间的痛苦。"也许只有在卧室中，我们才能够如此真实地面对自己。有数据显示，当前中国有 **30%** 的人有失眠症状，超过 **3** 亿人有睡眠障碍。如果没有良好的睡眠，我们就容易出现注意力不集中、记忆减退、工作力不从心等问题。正因为如此，才会有人感慨："宁愿穷得一无所有，也不要失去睡眠。"

10 年前，笔者也是一个游离在失眠状态中的人，临睡前大脑的高速运转，让夜间的睡眠变成了一个又一个噩梦。可曾尝试过在夜晚灵感迸发而通宵创作，在凌晨突然惊醒笔耕不辍，或者为一个选题而纠结亢奋到黎明时分……当你逐渐发现，兴奋感已经彻底挑拨起中枢神经，一种无法自控的吸引力让你再也无法安然入睡时，那种发自内心深处的痛苦便逐渐溢出水面。随之带来的免疫力低下，甚至让你只能蜷缩在被子里，任"思维的跳蚤"一点点地吞噬自己的细胞，那个再也不属于自己的身体，就这样被埋进了废墟中……终于一个雾霾就足以把你推进急诊室。

所以，做任何事情都要有一个限度，任何事情都不值得以牺牲睡眠为代价。当你从最亲肤的接触、最私密的呵护开始改变的时候，你的命运也会因此而发生改变，那些看似永远都不可能与自己有缘的事情，却是那么自然而然地来到我们的身边。慢慢地你会发现，当你睡得一夜好觉的时候，你的脉搏变得平和，你的呼吸变得均匀，你的肌肉处于闲散的状态……一切都那么安然惬意，这是一种能量的储备与释放，只在最重要的事情上才用力。

为什么要阅读此书？因为本书中有超过 **200** 条接地气的问题解决小方法，不是大刀阔斧的装修，而是精致细腻的建议，是最懂你内心深处需求的小贴士。下面我们再重点分析一下卧室所带来的疗愈效果，卧室对我们的身心到底有着怎样的影响？

为什么我们喜欢躲在被窝里哭？因为我们能回到最初婴儿的状态。在原生家庭中没有得到足够呵护的人，成年以后往往缺乏安全感和信任感，设计一个柔软、包覆而无伤害的卧室，并且多使用居住者熟悉的物品，长久生活下来能够弥补原生家庭养育的不足。我们每一个成年人都是历经伤痛才长大的，失眠是对于生命的摧残，而营造一个呵护自己的卧室系统，能够修复成长的偏差，缓解情绪烦躁和焦虑的状态，在良好的睡眠修复中，逐渐建立自己的温和秉性，在未来的人生之路上更加积极乐观地前行。

为什么我们喜欢坐在床上聊天？只有关系亲密的人才可以一起坐在床上聊天。不知道大家是否有发现，在床上沟通事情的成功率会高于在客厅沟通，这或许是因为彼此之间减少了防备，增加了信任，所以让沟通的过程变得更加简单。这非常适用于夫妻之间的沟通，以及亲子之间的沟通。你现在所阅读的，不仅是一本传递收纳整理技巧的书，也是一本呈现各种小情绪、小欢乐的书，在阅读的过程中，你不仅可以与自己的日常生活形成共鸣，也能够停下来，静一静，重新整理好心情。在这个世界上每一个看似平淡、冷漠的个体其实都需要一个倾诉的出口。

为什么我们喜欢将最微妙的感觉呈现在卧室中？比如，光着脚在地上行走？比如裹着睡衣坐在窗台上？比如与第一缕日光亲密接触？或许还有一些只有你自己最懂的方式。睡觉的地方，是最不设防的地方，这里的每一次体验都单纯至极。所以，在这里最适合让大脑去“散步”、去“游泳”、去“深呼吸”、去“微笑”......在这里就算是阅读也是一次放松的旅行，不功利，且有意义。

卧室，是我的！

卧室，应该放什么？放“空”、放“下”、放“逐”......

为什么要阅读本书？因为我们要了解卧室到底带给了自己什么，比如下面所解构的两组卧室对比产生的大脑影响力。

焦虑型卧室

卧室场景分析：闹钟或者手机铃声叫醒的状态，居住者突然从睡眠中惊醒，立刻切换到紧张的模式，进入应激反应中。

大脑意识状态：贝塔脑电波激活（人的 4 种基本脑波之一，平均振荡频率为 13 ~ 40 次 / 秒）。

链接行为：迅速起床，快速恢复意识，想着今天一天要开的会议、重点的工作安排，将日程清单中的各项优先级逐一提取出来。必要时，来一杯咖啡提神，保持高度紧张的状态。在一天的工作中，大脑中充斥的全是倍他脑电波，保持亢奋的状态。

小贴士：咖啡因可以抑制其他脑电波的产生，提高贝塔脑电波的反应频率。贝塔脑波在清醒时出现，主要用于集中注意力。

创造型卧室

卧室场景分析：布设几何元素与创意元素，可以在卧室里播放巴洛克音乐的旋律，增加绿植和更多自然的元素。

大脑意识状态：阿尔法脑电波激活（人的 4 种基本脑波之一，平均振荡频率为 10 次 / 秒）。

链接行为：放缓在卧室中的节奏，一言一行可以更加从容，伴随着日光的节奏，用欣赏而愉悦的情绪开启一天的生活。喜欢新鲜的果蔬汁，也很享受在床上与心爱之人共进早餐的感觉。独自一人睡，适宜在被窝里看看书，让创意与灵感自然迸发。

小贴士：忙碌会减少阿尔法脑电波的释放，焦虑和紧张的状态虽然能够提高工作效率，但扼杀了阿尔法脑电波，适当的阿尔法脑电波能够增强免疫力，促进脑内吗啡的分泌，让大脑可以更加活跃和富有创造力。

卧室的重要性

弗洛伊德说，自我以快乐为基础，而卧室就如同一个充满欲望的自我满足空间，困了一定要睡觉，累了一定要放松，烦了一定要逃离，憋闷了一定要哭出来……因为有这个可以恣意妄为的地方，所以推开门走出去，我们才能精彩万分，安享人生。而在这里最重要的就是睡眠。现代心理学家将睡眠比喻为一次短暂的死亡，每一次生死的演练都让我们乐此不疲。当然，卧室还有更多重要的使命，对于不同的人，或许千差万别……

目标人群：调皮捣蛋的宝贝们
卧室重要指数：★★
卧室设计的目的：全方位的脑部作用，加大神经系统的滋养能力
重点设计原则：以趣味为主
1～6岁孩子的大脑可以通过适度的外部作用力来影响神经系统的敏感度。实验表明，色彩鲜艳而又明亮的视觉能够对孩子产生强烈的脑部刺激，同时增加儿童房间中的游戏活动，能够使孩子更加灵活和聪明，有利于孩子大脑早期的发育。

目标人群：敏感感性的文艺青年
卧室重要指数：★★★
卧室设计的目的：觉察深处的情绪压力，更好地调节平衡
重点设计原则：以材质面料设计为主
敏感型的人在情绪修复的时候，需要大量的材质面料设计，不同的材质面料带给文艺青年们的感觉是不一样的。相比丝绸的光滑来说，棉麻的气质更能表达文艺青年内心的那份感性。同时，多一些自然元素的引入，也能够回归本质的快乐和单纯。

目标人群：疯狂忙碌的加班族
卧室重要指数：★★★★★
卧室设计的目的：奖励忙碌的自己，为了明天更加努力地拼搏
重点设计原则：以空为主
人在放空的时候，体内会产生阿尔法脑电波， 它可以减少紧张、压力和焦虑，从而提高免疫能力。所以，如果希望自己第二天能够精力充沛地拼搏，那就设计一个适宜放空的卧室，让自己的大脑得到充分休息，让自己有更出色的表现。

目标人群：孕育新生命的准妈妈
卧室重要指数：★★
卧室设计的目的：好睡眠好心情，不仅是给自己，也给即将出生的宝宝
重点设计原则：有支撑力的设计
缓解孕期特别是孕后期的睡眠不适症状怀孕期间睡眠不好，对妈妈和宝宝的影响都非常大。要注意避免太软的床垫，因为怀孕体重的增加，孕妈妈会感觉背部酸痛，如果床太软就会加重疼痛感，到了孕晚期，硬一点的床，还能解决翻身困难的问题。

目标人群：悠闲自在的小主妇
卧室重要指数：★★★
卧室设计的目的：有助于主妇自主安排，节省收拾家务的时间
重点设计原则：以便于收纳整理为主
因为主妇们有太多事情要做，每天起床后可能要把大量的时间用在清洁客厅和餐厨空间，所以减少卧室的收纳整理就变得更为重要。想要真正地享受生活、告别在家被当作“佣人”的糟糕感受、体会悠闲自在的居家时光，方便收纳的卧室就变得越来越重要。

目标人群：古稀之年的垂暮者
卧室重要指数：★★★★
卧室设计的目的：打造一个平心静气、了无遗憾的回忆空间
重点设计原则：以呈现老人一生的成就为主
睡眠对于老年人来说已经成为一个奢侈品，越来越少的睡眠，让卧室不仅是一个睡觉的地方，更是老年人自我价值的集中体现区域，在这里应该完完全全地体现老人一生的圆满与精彩，让他们走进来就可以很安心，走出去亦能够神采奕奕。

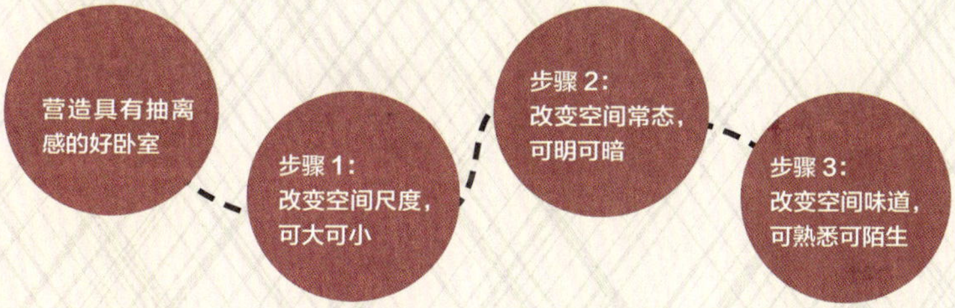

小叮咛

通过营造不同程度的抽离感，让身处其中的人进行自我调节，或多或少地减少情绪的释放，更加客观地解读自己当下和上一秒的状态，从而实现情绪的冻结，更好地减少压力对身心的伤害。利用收纳整理和适宜的卧室元素配置就能打造一个“懂你”的房间。

目 录
CONTENTS

做这么多，只为睡一夜好觉

想要打造一整套属于自己的睡眠系统，实在不是一件容易的事情，据世界卫生组织调查，全球的失眠人群正在逐渐递增，美国人的失眠率为 32% ~ 50%，日本为 20%，法国为 30%......中国睡眠研究专家分别对北京、上海、广州、天津等城市的人们进行调查，成年人一年内失眠率平均高达 57%。努力让自己拥有一整夜的好睡眠，犹如婴儿般酣然入梦，从调性到人性，从阅读到悦读，没有丝毫的压力，做这么多，只为睡一夜好觉。

调子，定下来就不要动

调子是设计的基础

在卧室里，既可以展现异域风情，亦可以打造得五彩斑斓

注册会计师汪铭：我很想亲自为新家做设计，但我不是专业设计师。

方法一 从1～0的忽略

从0～1很容易，但从1～0却是一件相当麻烦的事情，因为必须清除固有的思维习惯，包括忘掉市面上所有的专业风格，如美式乡村风格、美式田园风格、工业风格、地中海风格、中式简约风格、北欧风格……

方法二　找到适合自己的风格

风格的划分方式有很多种，然而你或许会发现自己既喜欢地中海风格又喜欢田园风格，既青睐简约风格又青睐中式风格，甚至将房间混搭得什么风格都不像。所以，对于卧室，你首先要问自己到底想要一个什么样的睡眠之地。那么，仔细回答下面的问题吧！

我们到底要一个什么样的睡眠之地？

卧室亲密度自测系统			
测试问题列表	自我感受和想法		
	0 ~ 没有	1 分 ~ 偶尔 / 不多	2 分 ~ 经常 / 很多
你有没有经常做同一个梦？			
你有没有一回到家就想躺在床上？			
你有没有特别想要改变现在的卧室？			
你有没有在睡觉前想明早穿什么衣服？			
卧室里，有没有你特别喜欢的东西？			
过去一年，你是否使用过安神药物？			
最近一周，你是否有上床 20 分钟后仍无法入睡的情况？			
最近一周，你是否有半夜干渴的情况？			
卧室里，是否有你最喜欢的颜色？			

自我评估

0 ~ 10 分：得分在此区间的你，处于还算平衡的状态。阅读《生态自我》一书能够让你换一个视角来看自己的卧室空间。11 ~ 15 分：得分在此区间的你，可以适当地调节一下卧室的感觉，侧重于自己喜欢的色彩和空间元素。如果觉得缺乏想象力，可以多参考一些设计书籍，比如《十二味生活设计》《洋葱居》《活出全新的自己》。16 ~ 20 分：得分在此区间的你，需要一个轻松一些的卧室，建议将卧室的调子定为减压舒缓型，避免太多的设计元素干扰。推荐阅读《舍得》《轻疗愈》《唤醒能量》等书。

以“花”为主题的调子

方法一　以“花”为主题的调子适合成套搭配

无论设计还是收纳整理，保持统一性是最讨巧的方法，在整体统一的前提下，就算偶尔偷一下懒，也无伤大雅。

小叮咛

卧室的设计完全可以延续客厅以“花”为主题的调子，从卧室一直延伸到客厅，甚至厨房卫浴中的各个角落。让“花”成为卧室被朋友们记住的样子。

以“晕染”为主题的调子

方法二　以“晕染”为主题的调子要婉约淡雅

不用太拘泥于某一种样式，将平日喜欢的服装与床品或者家居用品相结合也是非常不错的设计理念。

小叮咛

著名美学家宗白华先生在《中国书法里的美学思想》一书中说：“中国人这支笔，开始于一画，界破了虚实，留下了笔迹；既流出人心之美，也流出万象之美。”晕染是一种绘画技巧，从战国时期开始在人物顶部饰以红点，到了两汉时期在人物面颊晕染红色，以表现面部的色泽。在西域佛教的壁画人物中，均以朱红通身晕染，低处深而暗，高处浅而明。这种源自印度的凹凸法，到了西域又变成一面受光的晕染；到敦煌之后则与民族传统的晕染相融合，直到唐代而达到极盛。

演员依依：日复一日的起床睡觉，好像都麻木了，一点都不喜欢自己的卧室，怎么办？

方法一　总找不到自己想要的卧室样子是因为方法不对

采用清单整理的办法，一开始比较枯燥，但也比较有成就感，可以对自己更加了解。如果针对自己制作精准的表格，还可以更清楚地知道每周的开销情况。看到物品布满 A4 纸清单的时候，你就会毫不犹豫地划掉其中不重要的物品，也能够快速地找到自己想要的卧室样子。

方法二　找不到灵感，干脆使用一种颜色

最不容易出错的就是用一种颜色，如果觉得一种颜色太单调，那就加一点黑、白、灰色，怎么都不会错。同一个色系有很多层次可以选择，比如嫩绿，就是刚长出的嫩叶的浅绿色；或者竹青，即竹子的绿色；再有翡翠色，也是翡翠鸟羽毛的青绿色，此颜色品性不太稳定，比较适合与白色进行搭配，更能营造清新明丽的感觉。青翠、豆绿、松柏绿、碧色等都是可以在绿色系中进行随意切换的颜色，也是比较保险的色彩搭配。

卧室不常使用物品储存记录表

物品名称	品牌	颜色	大小	放入时间	使用频次	数量
羊毛毯	xx	浅粉色	双人 220 厘米 ×240 厘米	2018-1-1	0	1

1. 大面积的绿色，确定调子

喜爱绿色的人情感丰富，内心总是抱有希望，乐观、敦厚、忠实。

大面积的绿色可以让人变得安静平和，但一定要注意引入自然光线，以均衡绿色的能量。

2. 白色座椅，为视觉色彩减负

白色在空间中具有呼吸的作用，使整体的调性得到呵护。

3. 黑色桌体，让调子更沉稳

在以绿色为主调的空间中，黑色的桌体能够让整体视觉更加稳重，也更有安全感。

4. 拆解“色”主题调性中的收纳搭配

相框

用来收纳组合小物件，底色同样使用绿色主调，保持空间的统一。

格子间

用格子间将日常用品收纳其中，继续使用绿色与整体空间保持一致。

收纳盒

选择抽拉式与杂志式相结合的收纳盒，大小协调搭配。颜色上统一选择黑色和绿色。

椅子

椅子当作床头柜，可以随时变换风格，还能方便摆放一些枕边书，正所谓“选好床头柜，睡觉不会累”。

架子搁板

这是必不可少的简约设计，但用处却很大。可能选着选着就换成了自己喜欢的颜色，切忌调性统一，如果将图片中的盒子都换成白色的会很整洁，不是吗?

挂钩

小空间的卧室，挂钩是必不可少的，即便是小小的挂钩，也最好统一颜色，这样才不会前功尽弃。

程序员邓超：我的床头堆满了东西，有的时候一翻身就踢翻了，真伤脑筋！

选好枕边柜，睡觉不会累

睡觉的地方，最好还是少放东西

实在要放，就选择简单利落的枕边柜吧，最好精致一点

方法一　最直接的方法是什么也不放

这似乎很难做到，所以比较好的方式，就是将枕边柜做得窄一些、放得高一些因为可供堆积的面积小了，就会迫使你减少在枕边摆放的东西。保证“晚拿早放”的原则，枕边柜随时放空，只摆放当日使用的物品，并在第二天清晨清理干净。

方法二　让枕边柜空间翻倍的好办法

采用隐藏式收纳法能够加大枕边柜的使用面积，所选柜体不同，可收纳的物品也不同。下面推荐一些隐藏式收纳的思路：

1. 可增加柜体，让收纳更灵活

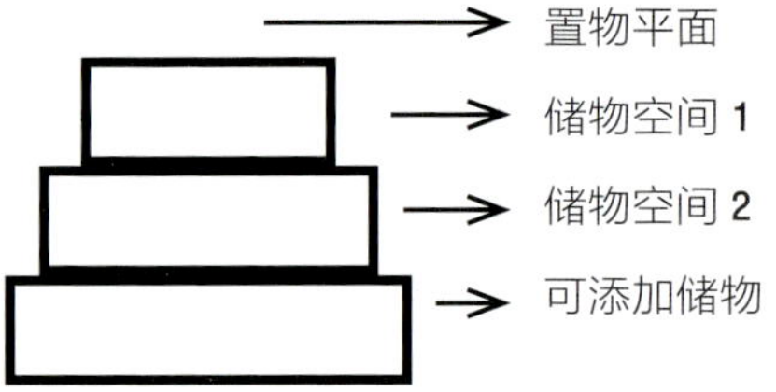

2. 内外两侧柜体，让收纳更私密

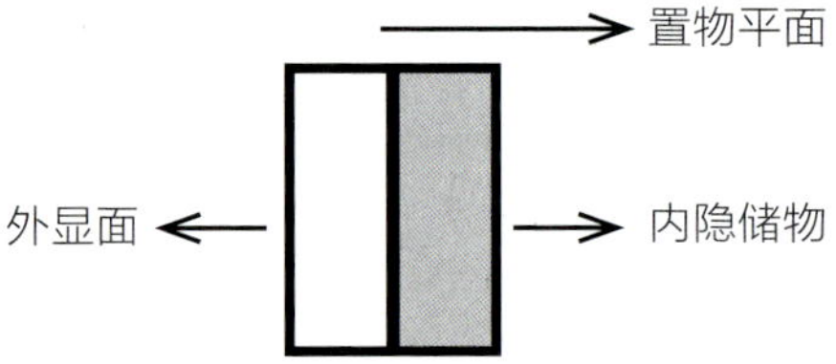

3. 嵌入式柜体，让收纳刚刚好

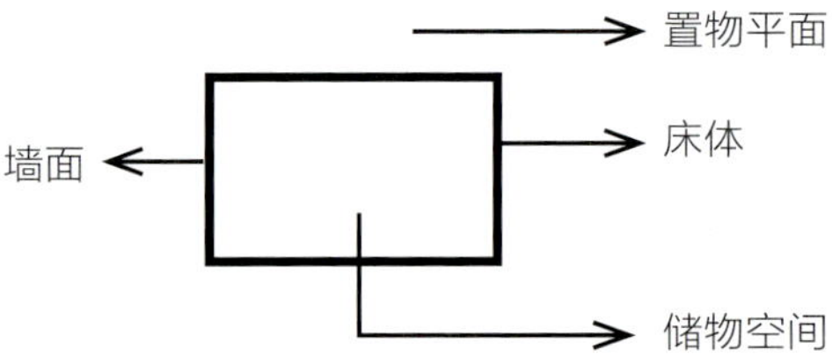

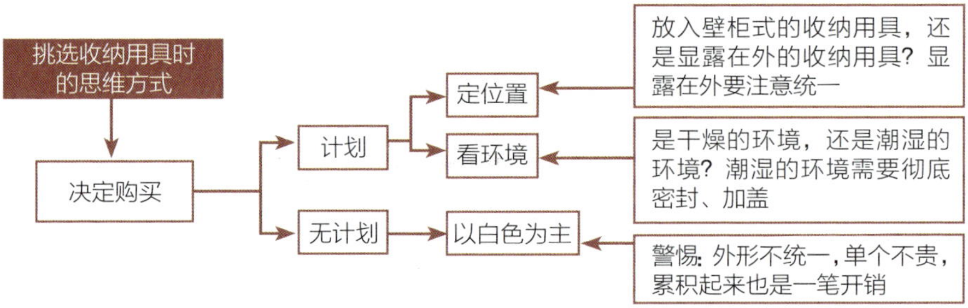

方法三　预先不要购买枕边柜

假设没有枕边柜，卧室生活会怎样？也许你已经习惯了家具买全套。其实“放空”一些，逐渐了解自己的就寝习惯……比如，预先不要购买枕边柜。

方法四　1 平方米可替代方案

只给自己 1 平方米放纵的空间，这 1 平方米可以简单到只放一张小桌子，或者一个小框，又或者一个小凳子，总之，越简单越好。如果实在没有想法，那就参考下面的推荐吧！结合“就寝习惯记录表”，对枕边柜进行准确的判断，千万不要花冤枉钱。

就寝习惯记录表			
就寝习惯	具体描述	耗时	枕边收纳推荐
例如：喜欢睡前看书	我喜欢看着书就睡着了	30 分钟	在床边设计低矮的置物表面，方便临睡前把东西随手一放

注：此表仅适用于私人就寝习惯记录，并请持续一个月以上再考虑枕边柜的选择。

1. 选择扶手小沙发的好处

因为是半围合设计，所以不用担心物品不小心掉到地上。

特别适合：将披肩搭在小沙发的靠背上，避免滑落到地面。

2. 选择升降椅的好处

因为可以升降，所以能够满足更多临睡前的需求。

特别适合：放一些枕边书，或者在临睡前想随手画几笔素描，可升降的功能非常灵活。

3. 选择艾莎单椅的好处

因为很有童话的感觉，所以能够营造轻松的睡眠氛围。

特别适合：摆放抽纸、手机等小物件，因为很简洁，所以非常便于移动。

方法五　充分利用墙面，让枕边柜无限延展

在小空间中，充分利用墙面，以扩展其他空间，让枕边的收纳变得丰富而立体。

直条挂钩既可以整合零散的小物件，也可以作为富有文艺情调的小型装饰物。

小闹钟和枕边杂志也可以采用挂的方式，选择白色台灯，与墙面融为一体。

并列收纳，功能性更强，更易保持柜面清洁。

公务员丁雪梅：很喜欢在临睡前看看书，堆着堆着就一片狼藉了。

入睡前，读一本好书

一本好书，藏着一轮美梦
着实应该安静下来，但如何才能让梦一尘不染

方法一　把书变成卧室的中心

如果你真的是一只书虫，那不妨把书变成卧室的中心，围绕着书而睡，可以有很多种对书籍的排列整理方式。然而最重要的是，对枕边书进行分门别类的收纳整理，你愿意为此花费多少时间呢？下面一起看看不同的耗时所带来的不同效果吧。

1. 每天愿意花 30 分钟收纳整理

床边可以有这样一个书架，任凭你随意拿取，因为空间足够大，所以可以装载满满的阅读欲望。当然，需要花费时间来清理上面的浮尘，以免影响呼吸系统。

2. 每天愿意花 10 分钟收纳整理

如果只愿意花 10 分钟，用湿巾纸简单擦拭一下浮灰，那么至少可以拥有这样一个表面，放一些近 30 天喜欢看的书，并且可以做一些简单的记录标签，让第二天的阅读更轻松。

3. 每天愿意花 5 分钟收纳整理

当然你可能会说，工作非常忙，每天只有 5 分钟用于收纳整理，或者更少的时间，甚至完全没有时间打理卧室这点儿空间。那么，选择这样灵活的书架作为枕边搭配会非常方便。

灵活书架归类方式

分类方式	按时间分	按类别分			按作者分		
示例类目	2017 年 11 月	书籍	杂志	周刊	东野圭吾	加西亚·马尔克斯	杰罗姆·大卫·塞林格
示例名称	11 月 17 日	《追风筝的人》	《收获》	《三联生活》	《伽利略的苦恼》	《霍乱时期的爱情》	《麦田里的守望者》

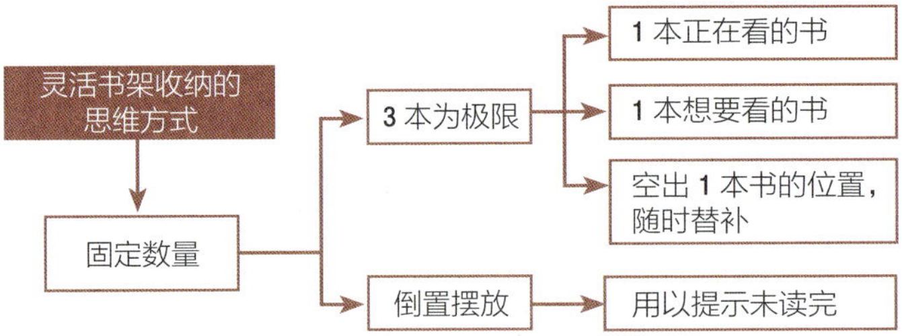

没意思的书，马上处理掉。

枕边书，是检验好书的好办法。

方法二　枕边书不是越多越好

留在枕边的书通常反映了枕边人强烈的阅读意愿，所以不妨把枕边书看作是一种检验好书的办法。那些愿意被你带到枕边阅读的书，可以专门用这样的抽屉收藏起来，再者阅读的时候还可以看到之前留下的痕迹。

方法三　充分利用顶部空间

床头顶部的空间拿取书籍非常方便，是很好的收纳枕边书的办法。为了避免沾染灰尘，建议设计一个简单的小帘子，不仅可以遮挡自己喜欢的书籍，保持私密性，还可以作为防尘罩，一举两得。

枕边收纳书籍分层布局
顶层摆放：一周前的枕边书
中层摆放：本周的枕边书
中下层摆放：昨日的枕边书
最下层摆放：今日的枕边书

贴心
设计

增加幸福感的阅读方式

相比阅读电子书，出版物更能够带来幸福感。人是一个立体的接收体，幸福的获得往往是多元化的。千万不要小看出版物对于身心的影响，同样是阅读带有情节性的读物，阅读电子书就如同渴了喝一杯水，而阅读出版物则能让水彻底地滋润身心。下面推荐几种增加幸福感的阅读方式。

如果希望拥有一个好的睡眠，那么枕边一定要远离电子产品，增加阅读物。相比单纯的文字书籍，有一些清新的画面并令人感觉舒服的设计读物会更加快速地被我们的大脑记住。

如果书籍中增加了一些大胆的涂涂画画，把信息的获取与主动的思考有力地联系起来，那么身体将感觉到一种巨大的满足，就好像吃得饱饱的，准备好了入睡。

阅读时一定要保持轻松，不建议给阅读设限，但一定要随身准备小书签或者便签贴，把觉得不错的内容标注出来，便于下次随手拿出就可以阅读。

想要在临睡前利用阅读增加幸福感，不必时时从头读起，也不必在意顺序，拿起书，随意翻开，翻到哪页读哪页就可以。多一些心灵慰藉，或许词组和句子的力量，比章节的力量更能给人幸福感。

网络红人宅宅：习惯性地一起床就对着电脑，有没有什么办法能把节奏放慢一些?

睡个觉而已，也要那么舒服

睡到自然醒，闻到面包香
最舒服的事情，就是可以在卧室做很多想做的事情

方法一　美美地享受一顿床上早餐

心理学家认为，当食物摄入体内的时候，身体里的多巴胺开始分泌，不知不觉间人就会觉得世界是如此美好。因此，想要幸福地开始每一天，不妨尝试在床上美美地享受一顿早餐。下面推荐几种能让你快速产生幸福感的食物。

香蕉：香蕉内含有生物碱，可以振奋人的精神。此外，香蕉有助于生成脑内血清素。

全麦面包：谷类中含有微量矿物质硒，有振奋精神的作用。

深海鱼：鲑鱼、鲭鱼等深海鱼含有丰富的 Ω-3 脂肪酸，Ω-3 脂肪酸与常用的抗抑郁药（如碳酸锂）有类似的作用，可增加血清素的分泌。

鸡腿：在日常的食物中，鸡肉是硒的一个重要来源。硒的摄取能够帮助人恢复身体的协调性。

樱桃：樱桃有缓解炎症的作用。美国科学家的研究指出：20 颗樱桃的疗效抵得上一片阿司匹林。

组合一：粒粒装食物 + 瓶装即食饮品　　组合二：面包酥饼 + 鲜榨果汁

小叮咛

轻美食的摆放方式都有哪些呢？在床上享受早餐，一定要简单一点（深海鱼和鸡腿最好在前一天晚上制作好，放在冰箱的恒温室中保存），味道一定要淡淡的，要方便食用，但内容却一样也不能少。

方法二　让植物减慢苏醒的速度

不是所有的植物都适合摆放在卧室里。一般来说，兰花的香气会影响睡眠，而紫荆花的花粉会加重呼吸道疾病。含羞草内含草碱，容易使毛发脱落……除此之外，植物与床的距离需要保持在 **0.5** 米以上，因为有土壤的盆栽植物比较容易长虫，所以卧室最好选择水培植物。

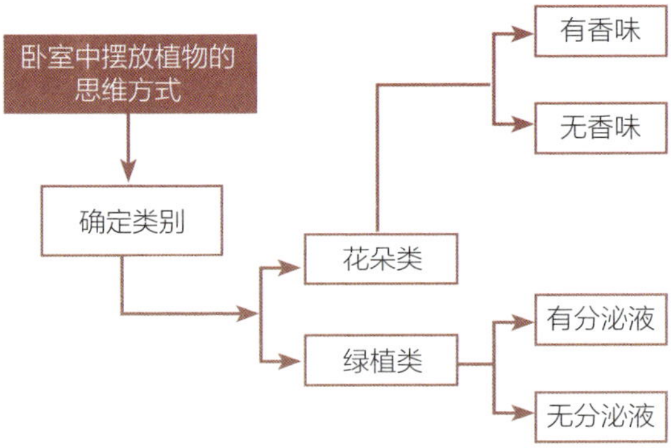

千万不能摆放阔叶植物，它们会在晚上吸收氧气，根部还容易腐烂生虫

方法三　绿植屏风令每一个清晨无比愉悦

小户型用屏风分隔空间能够更好地进行区域定位，而绿植屏风的设计能够在 **80%** 的空间视线范围内保证森林般的效果。不仅如此，得益于独立的绿植屏风，所有的绿植可以进行统一的收纳规划，与床体保持一定的距离，若隐若现，让卧室变得生机盎然。

方法四 这么折腾，只为了在卧室里想怎么样就怎么样

其实这样住着已经很舒服了，但住久了总觉得有点审美疲劳，所以可以考虑改变一些细节，达到不一样的视觉效果，新鲜感很重要，自己的卧室想怎么折腾就怎么折腾……只是，你想到怎么玩了吗?

小叮咛

养成随时叠被子的习惯

睡眠占了一天中 1/3 的时间，只有保持床铺整洁，才能够身体健康。随时叠被子，只花费 5 分钟的时间，却能够保持床面清洁。

为什么我们不愿意清理床品

有调查显示，在卧室收纳、清洁的所有事项中，40% 的人觉得最麻烦的就是床品的清洗，主要原因是床单的面积太大，清洗时很麻烦。然而，这却对身体健康至关重要，所以一定要每两周至少清洗一次。

第一步：改变，用包裹的设计增加空间的亲密感

被包围的感觉让人觉得更安心。在欧洲皇室的卧室中带华盖的床，其四面被包围起来。在日本，平安时代的贵族们也喜欢把御帐台的四周围上幔帐，搭建一个比较低矮的顶棚睡眠空间。通过帏幔来变换空间，白天开阔舒适，晚上的狭窄封闭则让人心神安宁。类似的架子床还能起到防风保暖的作用。

第二步：改变，用若即若离的间隔法分隔卧室

有什么办法能让卧室自然分隔呢？这样做的目的是让使用者减少礼节的约束，特别适合四世同堂的家庭。小卧室里利用抬高的小踏地面以及黄麻地毯分隔，以实现很多的功能，这在后续章节中将有详尽的介绍。

贴心设计

一些简单的方法，帮你找回卧室的初衷

每个人都应该拥有一个最适合自己的卧室，才能不辜负辛苦地在外打拼。很多时候，我们如同一个禁锢在体制内而迷路的艺术家，总是试图探寻内心里对卧室的初衷。因此，下面一些方法能帮到你：

第一步，找到一款让你心动的椅子，比如，伦敦设计师 Veega Tankun 设计的麻花编织椅，俏皮和大胆的造型用色或许能够吸引你，让你情不自禁地产生好奇之心。事实上，世界上有很多经典的设计，那么问题来了，你的卧室拥有几款呢？

第二步，借助别人的思维让自己复活。每个人从孩提时代开始慢慢迷失自我，被“社会化”的过程就是一个逐渐被同化的过程，所以在卧室里，你甚至可以赤裸全身地观望自己，卧室不如浴室那般私密，这样的袒露其实是对最真实自我的挑战。

第三步，找到舒适卧室的进入方式。在这里，你希望有背部的一席之地？抑或臀部的一席之地？仔细考虑一下。如果选择后者，那么增加座位；如果选择前者，那么只要一张床就好。当然，舒适感是要不断探寻地。总之，你的卧室一定要用你的方式！

幼儿园老师丁萌：为了盖得暖和，我还专门买了羊毛被，可实在太重了，翻身都困难，选被子怎么那么难啊？

被子，陪你一辈子

被子里的世界
任你哭，任你笑，任你吵，任你闹
一觉睡醒，就好像过了一辈子

方法一　确定自己的需求是什么

无论有多少种被子，找到最适合自己的才是最好的。在购买被子之前，先确定想要一床什么样的被子？暖和的？轻薄的？便宜的？耐用的？好打理、易收纳的？环保绿色的？厚重的……想找到属于自己的被子？或许可以看看下面四组标准项限分布：

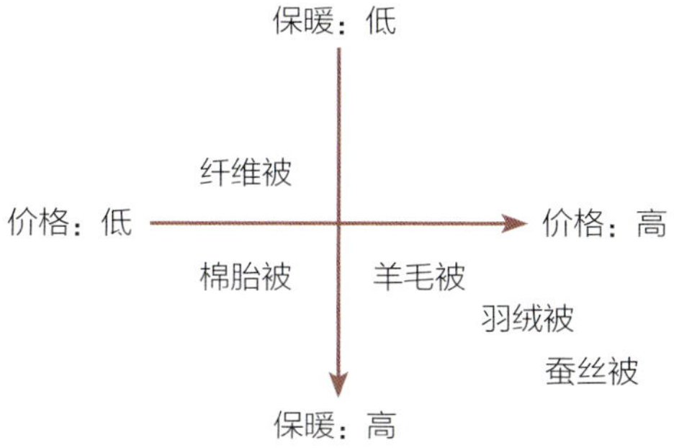

适合：碎碎念

碎碎念型注重精打细算，不仅要盖得暖和，还要经济划算，找找哪一床是你的被子？

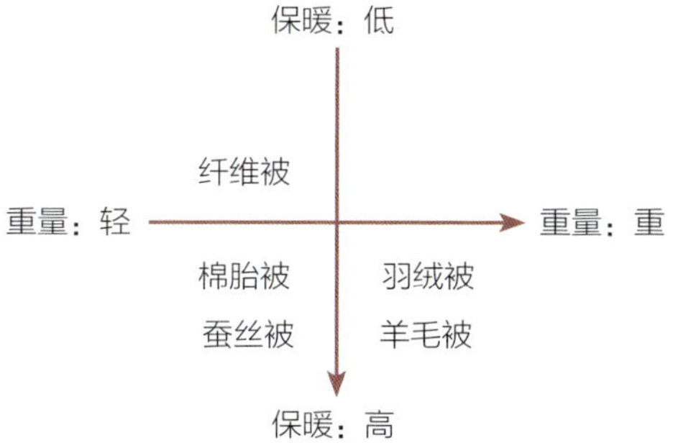

适合：小清新

小清新型很在意自己身上的负担，贵一点没关系，但一切都要"超轻版"，所谓"轻装入眠睡好觉"。

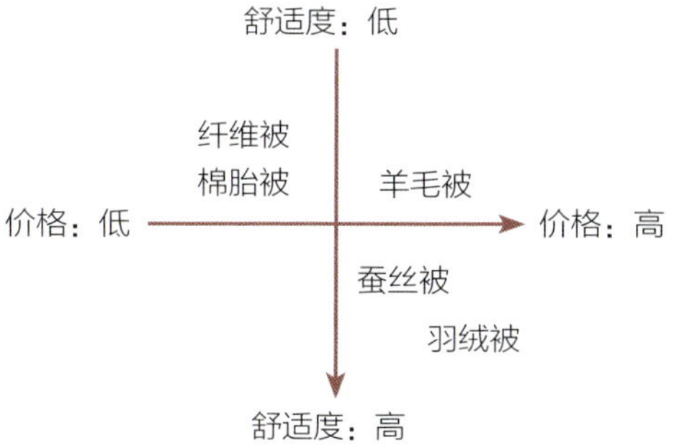

适合：不落俗

不喜欢俗套的生活方式，一切没有印记，品牌舒适度是最重要的，舒适至上。

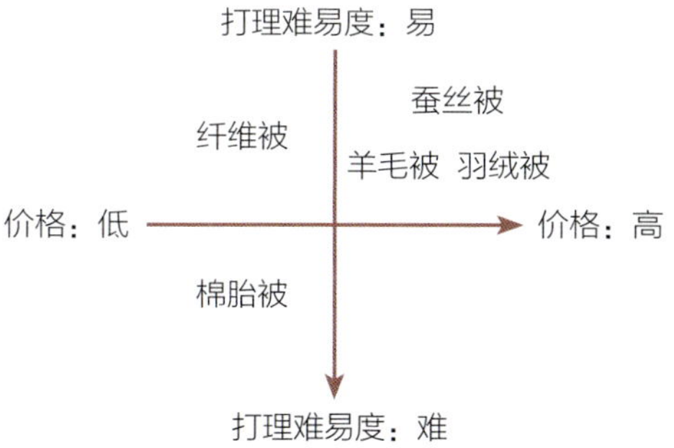

适合：懒虫虫

有一种说法叫"懒人撑起世界"，所有的出发点在于好拿、好收、好用好打理，其实一点也不难。

方法二　最“绿色”的被子该怎么收纳

因为在整个养殖的过程中不能有农药等化学物质，所以填充桑蚕丝的“蚕丝被”被称作是最“绿色”的被子。蚕丝被在换季储存的时候要彻底晾晒一次，尽量排除内部湿气，不要存放在潮湿闷热的环境中，避免蚕丝受潮，同时避免重压，也不能使用樟脑丸等化学药物，以免污染蚕丝。

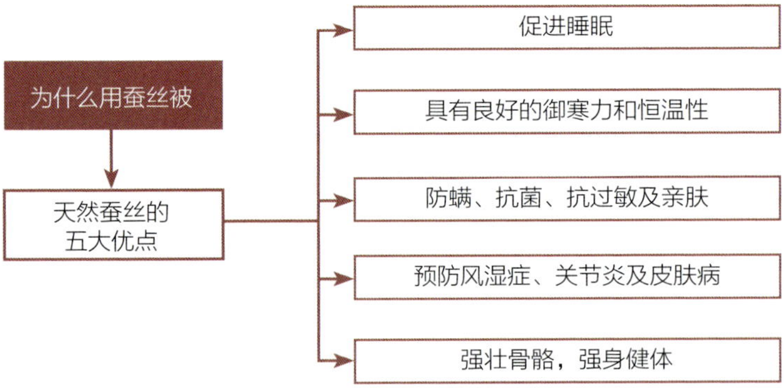

方法三　精准挑选“最轻”的被子

羽毛是长在鹅、鸭腹部芦花朵状的绒毛，呈片状。羽毛是羽绒被主要的填充物，在相同情况下，羽绒被的重量约为棉被的 1/3、为羊毛被的 1/2，所以被称为“最轻”的被子。羽绒被不仅重量最轻，亲肤效果也是最好的。一般来说，羽绒被的填充物成分必须为 100% 羽绒羽毛，且绒子含量不小于 50%，填充被芯还分为白鹅绒、灰鹅绒、白鸭绒、灰鸭绒、鹅鸭混合绒等多种。那么羽绒被应该如何保养呢?

最长寿的被子，能用 20 年以上——羽绒被

浸泡：30 分钟内，水温低于 40℃

铺平：弄蓬松后铺平，恢复羽绒原有的匀称

晾晒：上午 10 点至下午 3 点（避免阳光直射）

收藏：置于大保养袋里或衣柜内（避免用真空压缩，羽绒易受损）

羽绒被保养小手册		
保养目的	保养方法	注意事项
除湿	每月晾晒 1 ~ 2 次	避免时间过长，每次 1 ~ 2 小时即可
加强保温性	加强蓬松度，恢复弹性，轻轻拍打被子表面，使羽绒均匀分布	避免施加过大的压力，保持蓬松度才能增强保温性
提升杀菌效果	用中性的清洁剂或专用的羽毛清洁剂清洗	最好不要经常清洗羽绒被，以免破坏天然的羽毛特性，注意保持被子的清洁，关键是勤换被罩

方法四　“给点儿阳光就灿烂”的棉花被

喜欢棉花被的人多半喜欢光合作用，棉花被虽然没那么洋气，但骨子里却透着一股文艺味儿。这种传统被子，天然柔和，皮肤接触无刺激，无异味，无污染，无漂染，无任何添加物……这种“一无所有”的感觉，就好像文艺青年灵魂里剩下的那一点点骨气。如果你也喜欢棉花被，那么就去寻找棉花深处的那一抹艳阳吧！

小叮咛

棉花被，对正午时光的依恋

上午 11 点至下午 2 点的强日光能将棉花被晒得痛快淋漓，只有这个时候的阳光才够“狠”，最懂得棉花纤维纵向呈扁平的转曲带状，让初生层、次生层到中腔这三个部分在日照中尽情舒展。只有经历过正午的日光，你才能感觉到棉花被的体贴和温暖。不要说你懂它，除非你陪它一起晒过太阳。

方法五　对待棉花被，要耐得住寂寞

早上起床之后不用急于对被褥进行整理，经过一夜的睡眠，水分和气味闷在被子里，最好的方法是把被子掀开，晾上 15 分钟左右，洗漱完毕后再进行整理，这样不仅能延长棉花被的使用寿命，还能让你在晚上入睡时拥有干燥和舒适的体验。选择棉花被要耐得住寂寞，享受当下在被子里的感受，与纯棉对话，沉浸在“禅意棉棉”的氛围之中。

2 生活有点混乱，卧室可以很整齐

生活远比想象的要复杂，但我们也可以选择简单。国内首份《中国“癌症焦虑”大数据报告》显示，25 ~ 34 岁的年轻人更容易患上癌症焦虑，占比高达 49%。因为生理结构的不同，男性最怕患上的十大癌症中，肺癌、直肠癌占比较高，而女性更怕患上乳腺癌、宫颈癌等。过分的忙碌以及生活节奏的不规律让日子过着过着就乱了，早上起床不习惯叠被子，收拾卧室便是生活混乱的苗头。用一种更懂自己的方式进行收纳和整理，即便是蜗居，也要给自己一个倔强成长的理由。生活有点混乱，卧室可以很整齐。

功能 卧室那么小，我想要更多功能

抽屉 总有一个抽屉最了解你

衣橱 为下一条裙子腾出空间

微店店主玛丽：我有两个孩子，第二个孩子刚刚10个月，我们挤在一个50平方米的小房子里，觉得很崩溃啊！

卧室那么小，我想要更多功能

做一个懂得整理的人
房间如此，情绪如此，人生如此
不仅懂得整理更懂得规划，事业如此，爱情如此，生活如此

方法一　让小卧室变大的好办法——小功能区设计

卧室越小，越需要规划，哪怕只剩下床，也需要考虑上床之后衣物放在哪里，才能方便起床后立刻穿上。因此好的规划是一切的开始，那么首先进行小功能区设计吧。

1. 睡眠功能 + 阅读收纳功能

在卧室里选择一个角落，放一排书架、一个小柜子、一把椅子，这样既不干扰原本的睡眠区域，同时为卧室增加阅读功能，两全其美。

2. 睡眠功能 + 衣帽收纳功能

在卧室的墙面上支撑一个小架子，便可以实现简单的衣帽收纳功能，起床时顺手拿起的小披风是不是很适合挂在这里呢？特别适合迷你户型。

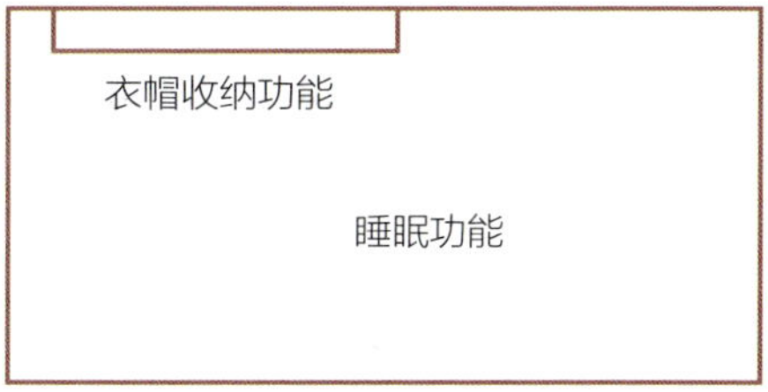

3. 睡眠功能 + 餐饮收纳功能

利用地垫和小托盘就可以将美味的早餐布置在卧室里，咖啡与面包被收纳于小托盘中，是不是很适合有点慵懒的你呢？

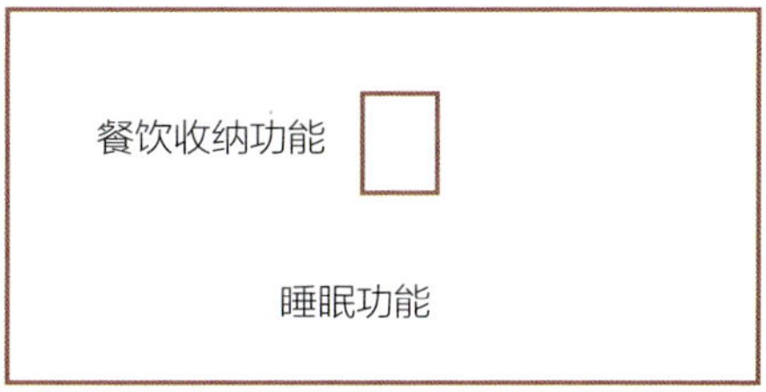

方法二 让小卧室变大的好办法——有效地利用柜子储物

试着将每一个抽屉都变成一个收纳区，不知不觉间卧室就好像变大了3倍。

第一层：放首饰
（化妆功能）

比较昂贵的首饰可以放在第一层，拿取时也比较方便，储物空间里可以放一些丝绒的衬布，以增加保养的精细度。

第二层：放围巾
（百变功能）

围巾立式叠放，非常适合在化妆的同时增加百变造型功能，再普通的着装只要搭上围巾，立刻大变样。

第三层：放书包或手包
（防尘收纳功能）

不常用的书包要直立摆放，以保护外形，平时买鞋子时附赠的无纺布袋保存下来，可以作为包包的防尘袋，一般的小手包都能够装进去。

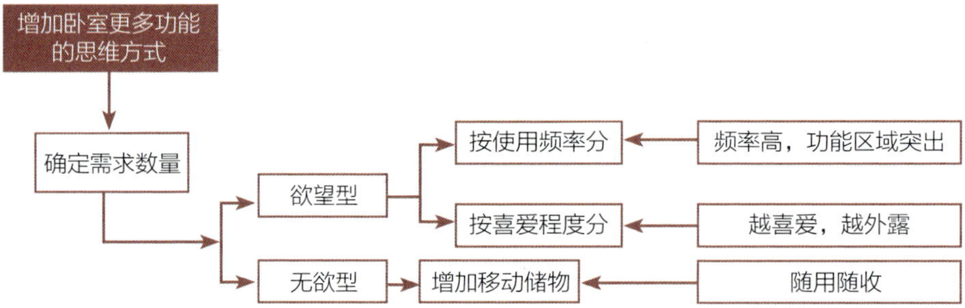

方法三　为孩子专门打造的功能——四种隔间设计示意图

因为有了孩子，所以再小的二人世界都要留出空间；因为有了孩子，再不会生活的人都开始学着分区域设计；因为有了孩子，隔间设计对于小户型甚至中型卧室来说也越来越正常。也许你有必要了解一下国外最流行的隔间设计方式。

隔间设计一：

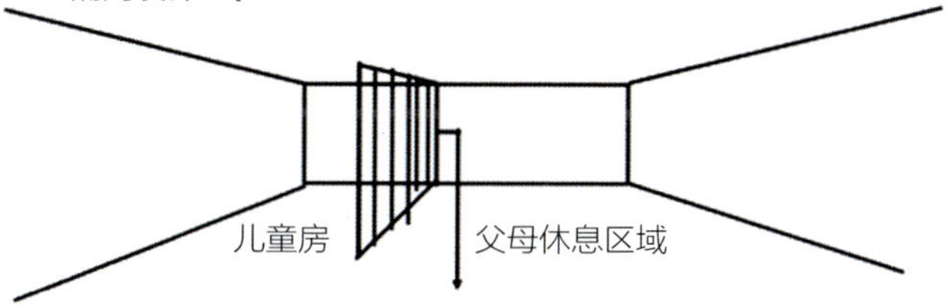

小贴士：利用垂帘分隔父母和儿童的休息区，可以保护家庭成员的隐私。

隔间设计二：

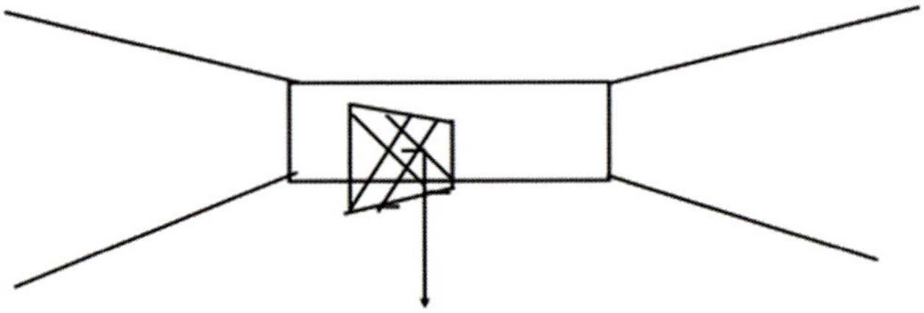

屏风分隔方式

小贴士：利用屏风分隔会影响房间的整体设计，需要特别加以选择。

隔间设计三：

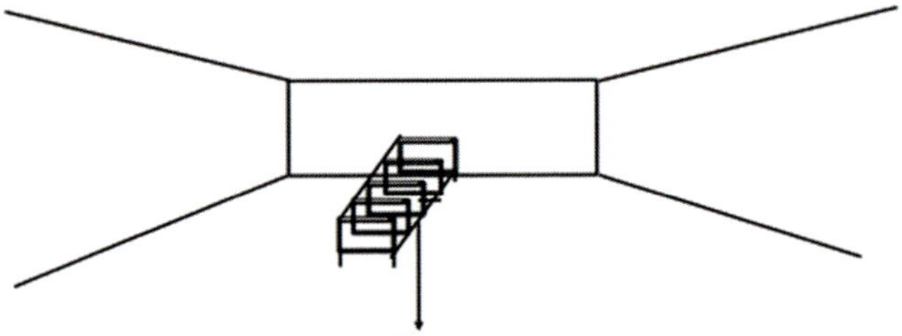

柜体分隔方式

小贴士：利用柜体分隔空间可以使房间更加自然，尽量选择没有正反之分的家具。

隔间设计四：

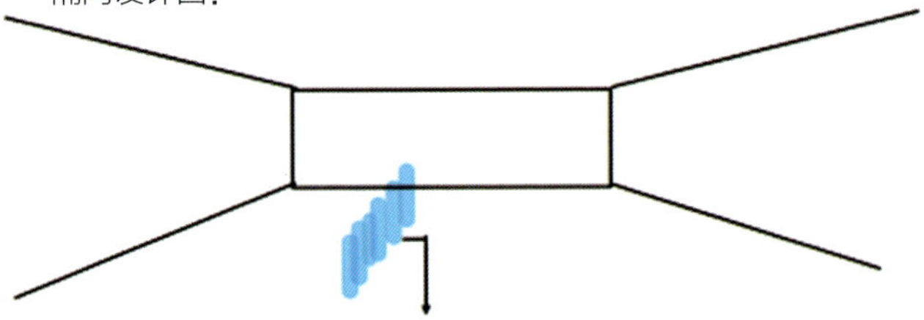

装饰物分隔方式

小贴士：利用装饰物分隔要注意其稳定性，特别是有孩子的家庭要注意避免因碰撞而导致的伤害。

3 岁左右

方法四　为孩子专门打造的功能——多功能儿童房

和大人不同，如果设计多功能的儿童房，那么要将睡眠区尽可能缩小，反之，拓宽游戏和活动区。即便如此，也要特别注意游戏区的收纳和整理。

从孩子能握住玩具开始，
就要鼓励其自己收拾玩具。
多夸奖他，帮助其建立自信心。

小叮咛

适合孩子高度的收纳箱有助于孩子的成长

50 厘米左右的小箱子最适合孩子收拾整理自己的东西。每个箱子中尽量摆放同类的物品，避免交叉，便于孩子记忆并快速完成收纳事项，树立自信心。

4 岁以上

方法五 为孩子专门打造的功能——百变卧室

这里是客厅？不是！

这里是卧室？不确定！

很多人或许有这样的感觉，有孩子的地方很难分清到底哪里是客厅，哪里是卧室，哪里又是游戏区，所以干脆设计一个任由孩子玩耍的客厅，多个孩子凑在一起，还可以在沙发上睡个觉。当然，沙发一定要经得起“折腾”，并且符合孩子的生理结构，睡觉时还要很舒服。

善于收纳的孩子，
有很强的成就感，
在学习和生活中有极强的主观能动性。

小叮咛

家具最好和孩子一同成长

通过改变家具的高度、枕垫的软硬程度以及软装搭配，让家具与孩子一同成长，这也是文艺风的精髓——注重有经历的物品，让家拥有成长的轨迹。

清晨

贴心设计

为迷你一居室设计多功能的卧室

方案一

不厌其烦地用到沙发床，因为沙发床是迷你一居室卧室的必备道具。夜晚结束之后，床可以变成沙发，于是卧室变成客厅，一间小房子就这样伴随着昼夜而变化。这样的沙发可以灵活地改变卧室的布局，也是情绪百变族的首选方案。

日间

方案二

房间为一居室，又不喜欢沙发床，还想实现多功能？要求那么多，只能充分利用挑高空间。考虑到将卧室上移会增加很多不便，除了睡觉，其他所有功能都要在下面完成。

小叮咛

露在外面的都是 24 小时内会用到的

收纳篓专门用来盛放 24 小时之外的东西，与储存在柜子里的东西不同，这些东西比较灵活，甚至根本没时间分类，这样做可以保证以最快的速度把家收拾整洁。

方案三

二宝的到来对小户型的家庭来说，有点……做母亲的人都明白，又要照顾孩子又要平衡工作实在不是一件容易的事情，而更为关键的是，二宝到来的时候，房子还是那个小房子。设计一个集二宝卧室、宅在家办公于一体的成熟型卧室，的确是一个挑战。充分利用各个角落，让房屋布局围绕四面墙展开，房间越小越要倚墙而立。你会发现，功能就像海绵里的水，挤一挤就可以多一些。

总有一个抽屉最了解你

现在请你马上拉开一个抽屉
看看能否马上找到自己想要的东西

美食达人小贝：装修时，我特意设计了很多抽屉，虽然现在看上去屋子很整洁，但抽屉里却乱得一塌糊涂，而且经常翻箱倒柜找不到东西，真伤脑筋！

方法一 拒绝摆放——抽屉收纳的首要思路

物品的摆放要以拿取自如为首要条件，如果因为收纳不合理而导致找不到东西，那么就失去了收纳的意义。一般情况下，取物时间大于 5 秒即视为抽屉收纳不合理，需要重新进行规划整理，而抽屉收纳的首要思路是拒绝摆放。在抽屉里摆放物品，会因为看不见下面的东西而翻来翻去地寻找，所以在整理抽屉时首先要避免摆放。

方法二　抽屉收纳正确的打开方式——纵向排列

让所有物品一目了然，最简单的办法是纵向排列，逐一摆放。将同一大类的物品放入抽屉时，要再次分隔空间，例如，在内衣大类中，还可以细分为文胸、内裤、秋衣秋裤等。分隔盒可以起到梳理的作用，便于每次拿取。这样，即使不将抽屉全部拉开，也能马上在大脑中形成分布区域，快速找到物品。

小叮咛

什么叫摞放

摞放，即把各种不同的物品堆积在抽屉里，不仅没有分类，而且种类繁多，通常超过 5 种，如此，便非常容易陷入摞放的“陷阱”。检查一下，你的抽屉是这个状态吗?

方法三　抽拉式的框架抽屉

家里的衣柜总是配有一些抽屉，但真正使用时又会发现很不够用，所以想要增加一些抽拉式的收纳筐，这些抽拉筐非常简单，甚至不需要盖子，在储物方面以方便日常使用为主，使用频率比较高的衣物最适合此类抽屉。

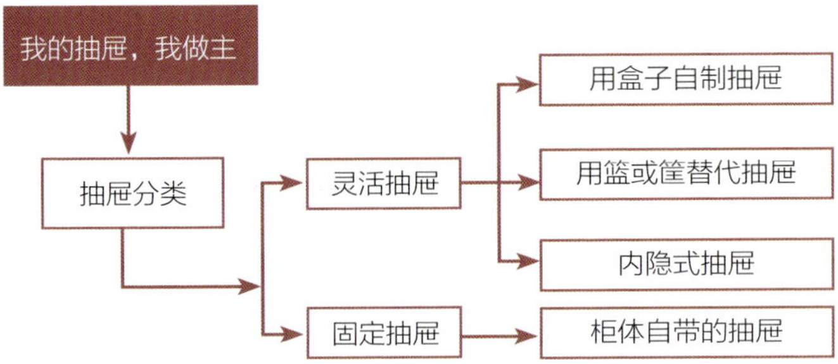

方法四　便于随时移动的抽屉——适合慵懒的你

此类抽屉适合存放一些零散的物品，不仅方便随手收纳整理，还能随时移动。将可移动的抽屉和可移动的桌子搭配在一起，让卧室设计更加协调。

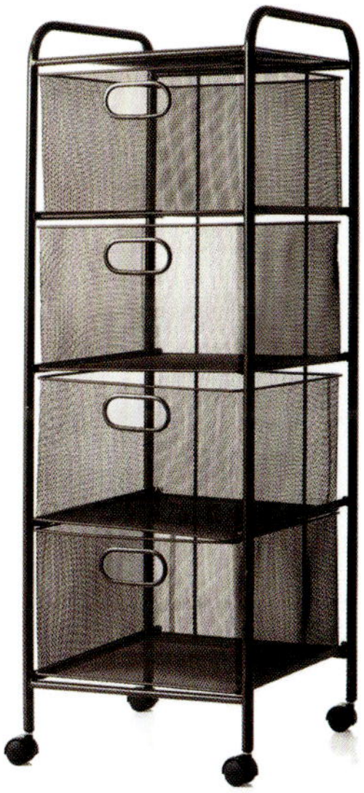

小叮咛

增加灵活小抽屉的好处

灵活的小抽屉非常适合摆放经常找不到的手霜、装饰戒指、耳机之类的小物件。透明的设计，则效果更佳。如果没有固定的位置摆放钥匙，那么也可将其收纳进灵活的小抽屉。

方法五　兼具展示功能的抽屉——适合自信骄傲的你

抽屉不仅能“藏起来”，其玻璃表面可以悉数呈现抽屉内的物品，非常适合首饰的收纳，不仅可以一眼就看到，而且起到很好的装饰作用，适合自信骄傲的你。

抽屉分类中不同物品的收纳小窍门	
类目	收纳方式
卷放式	非常适合小衣物、毛巾、皮带
直立式	非常适合有深度的抽屉，将衣物折叠成 10 厘米左右的大小放入
四方式	折叠成四方形的丝巾，一件件放入分隔容器中，再置于抽屉内
堆放式	同类型物品如卷发器、皮筋等，可以采用这种方法

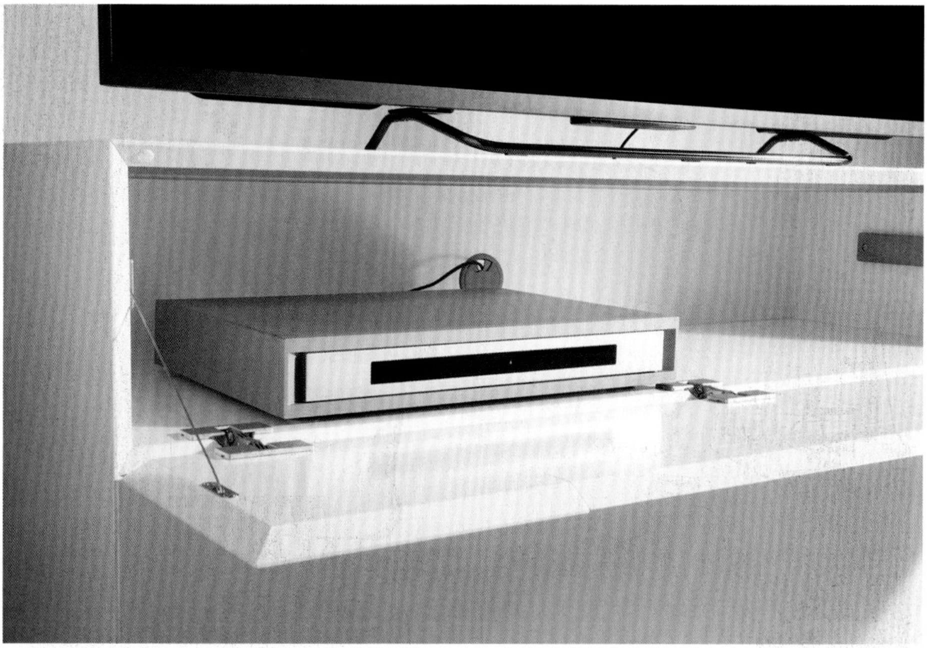

方法六　隐藏式抽屉的设计——适合内敛的你

有一种抽屉虽然隐蔽，却依靠触碰而自然伸展，非常适合性格内敛的你。这种抽放的感觉如此细腻，不费一丝一毫的力气。最适合摆放一些电子设备，如运动手表、手机、游戏机等。

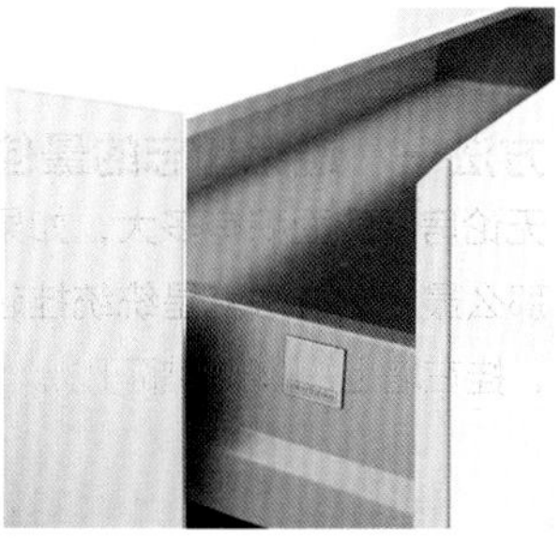

理财顾问林晓婷：我是一个典型的“裙子控”，基本上每个星期都会往衣柜里塞条新裙子，所以经常找不到三个星期之前的那些裙子，甚至会买重样的裙子，真头疼！

为下一条裙子腾出空间

总也买不够，总也装不下
怎样才能想买就买、想放就放呢

方法一 避免遗忘的最佳办法——挂起来

无论房间的面积有多大，如果你不想忘记自己有什么衣服，那么最好的办法就是统统挂起来，挂在衣柜里，挂在柜子外，挂在墙上……哪里都可以。

方法二　挂不下怎么办——强迫自己扔掉

挂起来的最大好处是一目了然，但全部挂起来的话，挂不下怎么办？扔掉！强迫自己扔掉。最好的办法是在挂衣服的区域里设计一个处理框，如果有穿着不合适的衣服，那么强迫自己扔掉，为下一条裙子腾出空间。

小叮咛

5 秒决定论

当天穿的衣服，当天决定是否继续留存，只给自己 5 秒的时间，不要考虑未来的可能性，决定舍弃后立刻放在处理框内。处理框内的衣物填满后立即进行清理，一个处理框大约能延缓 72 小时的“后思考时期”。

方法三　裙子，让自己变得更加自信

懂得舍弃的人更加清楚自己想要什么。如何凹凸有致？如何精致绝伦？每件物品都因缘分而来到自己身边，或许你也会遇到想花钱却买不到合适东西的情况。所以，充分利用衣橱里留下来的每条裙子，让自己变得更加自信吧！

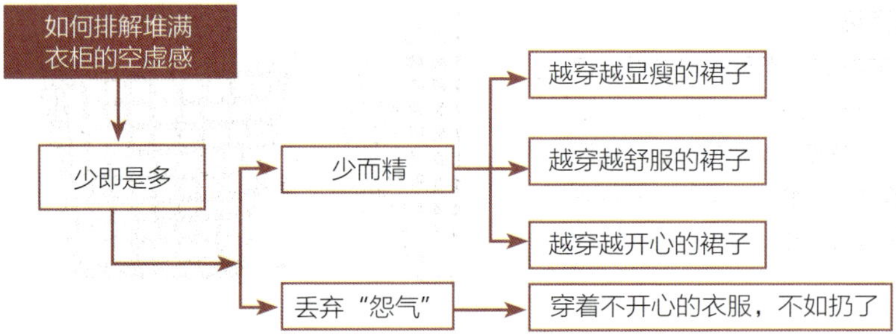

方法四　为裙子找到一个专属区域

在卧室里为裙子寻找一个专属区域，让它们等着你下班回家，守候你从睡梦中醒来，陪你精神抖擞地征战职场。总之，每天都给它们一个专属区域。

小叮咛

在卧室里增加独立垂挂裙子的位置

裙子应当根据不同的面料和穿着习惯进行垂挂，充分利用不同的衣架，让裙子垂立的姿态更美观。除了衣架，还可以选择模特或者专门的裙衫支撑架，从肩部开始加以衬托。此外，还可以为裙子搭配披肩和首饰，为下次换装做好充分准备。

方法五 利用照片为下一条裙子腾出空间

挂起来，卧室或许变成大卖场，那就抽个时间把裙装搭配好，用相机拍下来，贴在衣柜门上，穿的时候不必再费脑筋；收纳的时候，只需按照颜色分组或者按照类别整理即可。此外，照片还可以收藏起来，随时变换不同的风格，就算裙子压在箱底也不会被忘记。

小叮咛

好助手——衣物库存表

为了快速找到那些压在箱底的裙子，最好准备一张库存表，将衣物明细特别是存放位置标示清楚，这一招非常适合“裙子控们”。不过，建议使用电子版，便于搜索，同时根据生活习惯修改类目的名称，制作方法如下所示。

衣物库存表

产品图片	搜索名称	存放位置	数量	备注
	亲肤蓝色T恤	床下2号收纳箱	1	贴身穿更舒服

贴心设计

细数裙装收纳的“三生三世”

裙装收纳主要有三种方法：其一，利用裙子双侧的绳子进行收纳，直接挂起来，弊端在于绳子通常比较细，厚一些的冬日裙子容易拉扯变形；其二，使用带夹子的衣架将裙子夹起来，不用担心掉落，弊端是夹子的印记比较明显，有完美主义倾向的人慎重使用；其三，采用蛋卷法进行收纳，非常适合薄裙，节约空间，注意避免压在箱底。当然，最棒的莫过于把裙子穿在模特身上，自制一个模特衣架，或许能够让你的裙子惊艳无比。

3 每一个和肌肤相关的，怎能苟且

你是否尝试过在夜间自由地裸睡，让肌肤完全不设防地与床品接触？拥抱的触觉最能带给人安全感和内心的抚慰。狄金森说：“造一个草原要一株三叶草加一只蜜蜂。一株三叶草，一只蜜蜂，再加一个梦。如果蜜蜂少，只靠梦也行。”人从 25 岁开始肌肤逐渐衰老，没有人能够对抗自然的蜕变，随着年龄的增长，我们发现比拼命赚钱、享受生活更重要的是认真对待内心真实的自己。

清洁 **拖拖抹抹，秒变干净卧室**

亲肤 **纯棉，对皮肤好**

照明 **降低光照强度，让身体更舒服**

安睡枕 **支撑梦想的，除了精神饱满，还有那个一尘不染的枕头**

拖拖抹抹，秒变干净卧室

清除卧室异味最简单的方法
就是早、中、晚各通风 3 次，每次 30 分钟

电台主持人玲玲：我一般晚上工作，早上睡到自然醒，虽然大部分时间是在卧室里待着，但说到卧室的清洁，我还是不知道从何处着手。

方法一　如何让枕头日日如新

睡了一觉，枕头上自然会沾染很多头发，并散发出皮脂所产生的异味。不仅如此，皮脂中的脂肪酸还会滋生细菌，从而加重异味。因此，建议每日起床后做的第一件事是让枕头晒晒太阳，不仅可以利用紫外线杀菌，同时还能清除夜间的潮气和湿气，让枕头日日如新。每周至少换一次枕套，并将枕巾铺在枕头上，避免异味渗入枕芯中。

方法二　温暖的地毯怎样清洁最方便

睡觉之前，将一些小苏打撒到地毯上，然后美美地进入梦乡，到第二天早上，将地毯拿到室外轻轻抖动，再拍一拍，这样便可将吸附在地毯上的灰尘和污垢清理干净了。

小叮咛

如何快速地给地毯去味

如果生活在比较潮湿的城市，那么建议在地毯上喷洒一些纤维专用的除臭剂，同时保持室内的干燥，适当使用一些干燥剂，让地毯“精神抖擞”地度过每一天。光脚踩上去也不会有黏腻的感觉，反而更加温暖。

方法三 家里人多，小户型如何避免客厅的味道窜到卧室

家里如果有一个人吸烟，那么整个屋子都会充满烟味，人多的家庭，房间面积有限，味道难免窜到卧室。特别是吃完火锅，连被子都会“浸泡”在这个味道中。建议小户型家庭保持足够的通风，必要时在用餐后，用吹风机快速吹一吹床品，吹风机与床品的间距为 25 ~ 30 厘米，或者用熨斗熨一下。如果有烟味，试试柠檬酸喷雾，能中和碱性的烟味，并利用通风快速散味。

方法四　隐蔽空间的清洁方法

隐蔽的空间最好每周清洁一次，在清洁床下空间的同时，可以对整个床单被罩进行清洁，大约花费 30 分钟。由于隐蔽空间的灰尘一般呈块状聚集，而且灰尘比较多，所以建议清洁时戴口罩，以避免呼吸道感染。

方法五 改变物品的摆放方式，使清洁更简单

原来喜欢把鞋摆放得满地都是，不仅看上去非常乱，而且还容易堆积灰尘，即便统统放进鞋柜里也非常占空间，且不便于清洁。改变鞋的收纳方式，其实是帮了清洁的大忙。将鞋放进收纳袋之前，先仔细擦拭，然后按照一双一格的方式放进去，仅仅一两件衣服的位置就能收纳七八双鞋，不仅省地儿，还干净。薄毛衣、蛋卷鞋、包包、毛巾等都可以用这种方式进行收纳。

小叮咛

垂直清洁的好处——从上往下

从上往下做清洁是最简单的方法，由此可见，垂直的收纳方式效果最佳，这样不仅方便拿取、节省收纳面积，而且能减少灰尘掉落的面积，方便后期清洁打扫。

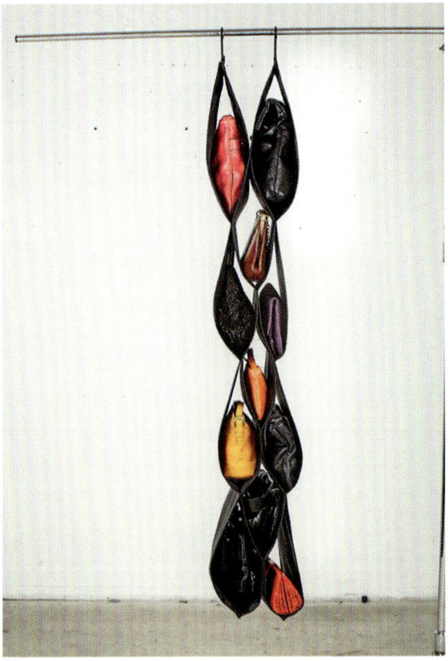

方法六　运用智能设备，让卧室变得更加干净

床是最容易滋生螨虫的地方，螨虫容易使人产生鼻炎、哮喘等过敏反应，很多皮疹和皮肤问题都由此而来。对忙碌的上班族来说，根本没有时间每天清理床具，最简单的办法是利用智能设备，除螨机能够快速清除床品上堆积一夜的螨虫。

如何快速处理不同的异味

- 异味分类
  - 潮湿味 → 易生有害物：霉菌 → 用日光暴晒或烘干
  - 烟熏味 → 易生有害物：尼古丁 → 用柠檬酸喷雾去味
  - 酸臭味 → 易生有害物：各类细菌 → 用茶树精油杀菌

纯棉，对皮肤好

一切都要纯棉的
纯棉的爱情，纯棉的生活，纯棉的当下

专栏作家久久：虽然我很喜欢纯棉，但纯棉很容易皱，看上去似乎不够精致，怎么办?

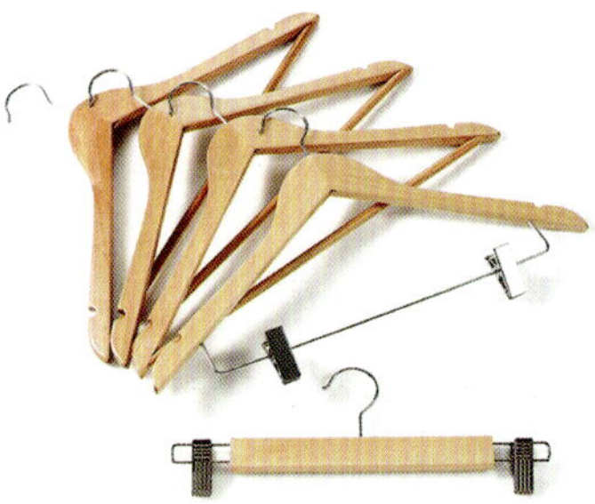

方法一 每次用完，独立晾晒

前文提到棉被的收纳晾晒方法，纯棉在这里不仅包括棉胎被，也包括纯棉的被罩、纯棉的毯子，以及纯棉的床单、家居服等。纯棉是最适合人体的天然纤维，每次使用后最好独立晾晒，不一定暴晒，但要避免堆积在一起，每件物品最好有独立的衣架或者挂钩，让其自由呼吸。

方法二　不是所有的 100% 棉都有相同的亲肤感受

虽然成分表上都标明“含棉 100%”，但却带给人不同的肌肤感受。这是为什么？原来，同样是棉，也有不同的类别，下面仔细区分一下不同种类的棉。

100% 棉

根据产地的不同，棉花主要分为细绒棉和长绒棉。和细绒棉相比，长绒棉的纤维更长、更强韧

细绒棉——普遍使用的棉花

又称陆地棉，适合在广大的亚热带、温带地区种植，是世界上分布最广泛的棉种，在世界棉花总产量中占 85%左右，在中国棉花总产量中占 98%左右，是纺织品普遍使用的原料。

长绒棉——纤维更长、更强韧

又称海岛棉，纤维细而长，培育过程中需要的热量大、周期长，热量条件相同的情况下，生长期比陆地棉长 10 ~ 15 天，使其棉花成熟度更高。与陆地棉最根本的区别在于纤维长度和强韧度，可以提高纺织品的耐用性，延长平均生命周期。

方法三　不是每个人都适合纯棉生活

并非每个人都适合纯棉生活，与其纠结纯棉的褶皱，不如放宽心，享受褶皱所带来的原创体验。看了下面的左右脑功能图，也许你会更了解自己。如果你发现自己是“右脑感性”思维，那么纯棉的生活会让你更舒服；如果你发现自己是“左脑理性”思维，那么纯棉的生活会增加你个性中的柔软成分。然而，并不是每一个人都适合纯棉生活，如果你受不了布料的褶皱，最好不要选择纯棉的质感，避免增加情绪的压力。

左右脑功能图

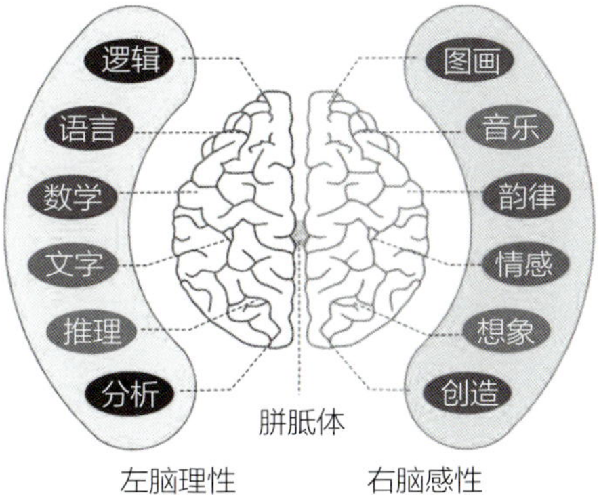

方法四 让纯棉减少褶皱的好办法

纯棉比较容易皱，这个特征恰恰可以作为识别100%纯棉质地的小窍门。纯棉皱皱的，很多人觉得不好看。建议清洗纯棉衣物时尽量省去揉拧的环节，如果搓洗和甩干不可避免，那么晾晒时一定要用力甩抖，让褶皱在晾晒前舒展开来，或者在晾晒前先熨烫一下，再行晾晒，就能避免这个问题。

方法五　如何让纯棉越洗越舒服

纯棉洗着洗着就好像变得“懒洋洋”的了，而且有时洗完有些干硬，与所谓“柔软亲肤”似乎越来越远。其实你并不了解纯棉，最好不要用洗衣机清洗，用洗衣机用力搅甩很容易变形、变皱。纯棉床品在用洗衣机清洁时也尽量缩短时间，用棉麻按钮定时，到时即刻取出，不要让纯棉床品停留在洗衣机内。

方法六　如何让纯棉颜色历久弥新

保持纯棉面料的颜色，应避免阳光暴晒，过度暴晒会使面料褪色。如果是深色纯棉面料，那么可以在最后一道漂洗的水里加入一些浓咖啡或浓茶，使有些褪色的衣服恢复原来的模样，甚至跟新的一样。如果是白色或浅色面料则越洗越发黄，那么可以将衣物或床品放入加了洗衣粉的锅内煮10分钟左右，即可恢复初色。

导演翁捷：每次拍完戏都很累，我非常不喜欢家里特别亮的样子，到底应该如何调节光线呢？

降低光照强度，让身体更舒服

一盏灯固然能均匀地照亮整个房间
但温暖内心的，更是那一份若隐若现的层次之间的默契

方法一 如何改变顶灯单调的照明方式

首先从改变照明灯泡的色系开始，使用暖色系的灯泡，会让室内变得更加温暖，营造出柔和的氛围。其次将传统的主灯吸顶灯换成各种精致的造型，比如，简约欧式的镂空或者干脆使用乳白色的球形玻璃灯罩，让光线更加自然地扩散开来。

1. 改变灯罩的颜色

最好让灯罩的颜色和卧室的其他物品的色调形成呼应，以便更好地协调室内的视觉设计。采用暖色调能够增加卧室的温度，同时激发空间使用者内心的热情。

2. 把唯一的灯变成艺术品

用欣赏的眼光去选择、去决定，把灯变成艺术品。这时你会发现，仅有的一盏灯在卧室里不多也不少，所有的存在都是刚刚好。

小叮咛

卧室安装主灯时要注意避免躺在床上时，光线直接射入眼睛，进而产生眩晕感，甚至影响睡眠。

方法二 如何进行多光源布局设计

打破单一照明光源的设计，有效利用间接照明，营造优雅宁静的氛围。让每一个光源都自然地从内部“生长”出来，蔓延至整个卧室，无论是白天还是夜间都可以舒适使用。

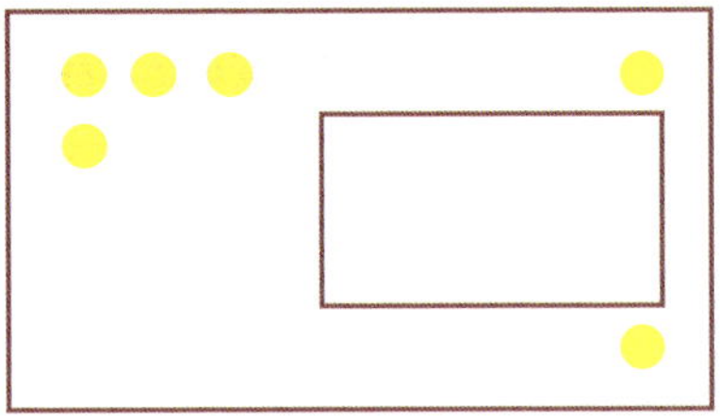

光源分布示意

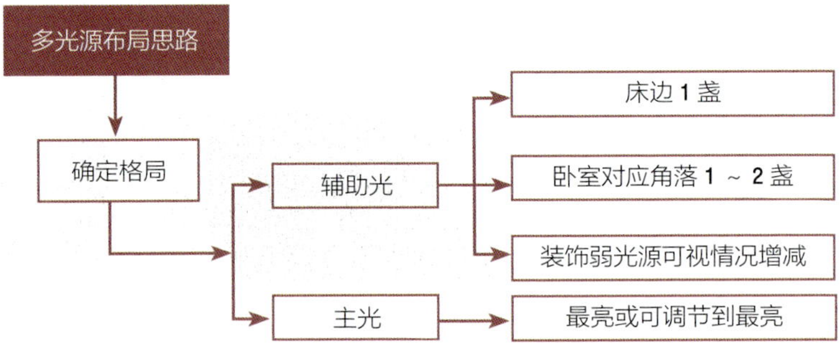

夜晚起夜时，如果整个房间都很亮则会影响再次入睡，也会吵到家人，辅助光源能起到很好的作用。

方法三　利用灯带制造朦胧的睡意

即便是在白天，低亮度的灯带也能带来朦胧的睡意。设计灯带时尽量将其暗藏在床的后部，如同太阳从身后慢慢爬上来。同样地，灯带的设计也要考虑布局，在枕边柜的隐蔽空间中最好也设计灯带，让整个空间变得更加温馨。

方法四 利用竹质门帘，轻松彰显文艺气息

降低光照强度除了改变灯具的布局和亮度之外，调控自然光也是一大窍门。比如，仅有一面墙引入自然光源的，可以选择竹质的门帘、窗帘，即使在白天，也可以轻松享受低亮度的舒适生活，是否有一种“浪漫满屋”的感觉呢?

巧妙调节光线的摄入

越来越多的人注重光的作用，寻找适合自己的光是心智成熟和了解自我的表现。有一种说法，人的体温从早上7点开始上升，之后逐渐下降，到下午4点时体温最低。增加日照的光线，可以增加红细胞和血红素，从而提高机体的免疫能力和对疾病的抵抗力。然而，长久的强力日光刺激会令眼角膜受损甚至引发白内障，情绪也会受到影响。因此，适度调节室内光线的摄入能够对身体产生积极的作用，建议选择可调节的百叶窗或者层次分明的窗帘，对自然光线进行过滤和筛选。在人工照明方面，以局部光源为主，特别是在细节和角落处增设不同的照明设备，从而提升居住的舒适性和亲密感。

网络编辑元子：最近总是休息不好，每次睡醒时感到脖子很不舒服。

支撑梦想的，除了精神饱满，还有那个一尘不染的枕头

遇见未知的枕头
如同邂逅亲爱的另一半
合不合适、舒不舒服、贴不贴心……只有自己知道

方法一　回答几个私密问题，更加了解自己

不是每个枕头都适合你，如果没有找到合适自己的枕头便永远体会不到美梦的甜蜜。不合适的枕头经常把自己折腾得头疼、脖子酸，甚至出现记忆力下降等不适的症状。那么，如何才能找到适合自己的枕头呢？回答下面的问题，或许能让你更加了解自己：

测试一：

A. 我的头围 <54 厘米

B. 58 厘米 > 我的头围 >54 厘米

C. 我的头围 >58 厘米

测试二：

A. 我睡觉时经常做梦，最近一周做 3 ~ 5 次

B. 我睡觉时偶尔做梦，最近一周做 1 ~ 2 次

C. 我睡觉时很少做梦，记不清了

测试三：

A. 我一般工作到深夜，平均每周加班 5 次以上

B. 我一般在晚上 8 点之前结束工作，每周加班 3 次左右

C. 我很少加班，每天晚上 10 点以前上床睡觉

测试四：

A. 我已经被确诊有颈椎问题，并且常有压迫感

B. 我经常感到颈椎不舒服，但还未去确诊

C. 我的颈椎只是略感僵硬，揉一揉就好些

（选 A 得 1 分，选 B 得 2 分，选 C 得 3 分）

得分在 4 ~ 6 分之间的你，需要一个嵌入式托扶头部的枕头，并且最好具有记忆功能，保证睡眠修复缓慢而持续地进行，因为没有足够的睡眠时间，所以需要一个能让你快速进入深睡眠的枕头。

得分在 7 ~ 9 分之间的你，需要一个帮助缓解颈椎肌肉不适的枕头，你的颈椎因工作忙碌而逐渐老化，需要给予其夜间的缓冲力，以便修正逐渐变形的曲度。

得分在 10 分以上的你，需要一个舒适支撑头部的枕头，无需较多的功能，但高度要刚刚好，在 8 厘米左右比较合适，宽度为 55 厘米左右即可。

方法二 根据自己的白天，确定自己的黑夜

除了生理结构，你还可以根据白天的日常生活来确定到底什么样的枕头适合自己。如今，很多枕头有自己的特殊属性，不同的职业人士可以按照白天的工作状态来选择舒适的枕头。

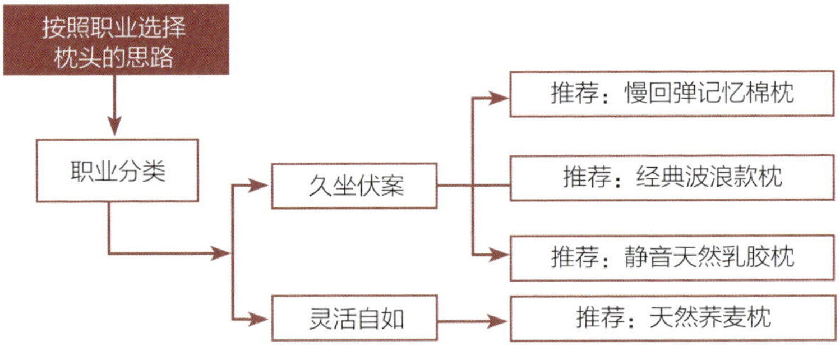

设定一个区域，专门用来晾晒睡了一夜的枕头，让枕头自然地呼吸新鲜空气。

方法三　为什么要春、夏、秋、冬一季一枕

每种枕头适合的季节不同，所以每一季结束之后，最好将上一季的枕头进行清洁整理，同时换上应季的枕头。感恩上一季的枕头陪伴自己的每个梦，并与应季的枕头一起祈祷即将到来的每一天都平安幸福。

春季

春季适宜选用护颈全荞麦枕，春季使用荞麦枕有助于芳香开窍、活血通脉、镇静安神，春季属于生发的季节，荞麦枕可以保持大脑清醒。

夏季

夏季适宜选用乳胶枕，乳胶枕由橡胶树的汁液制成，取自天然，具有防螨抑菌的功效，特别适宜在多汗的夏季使用。天然的蜂窝状结构还能快速散发人体产生的热量。

秋季

秋季养生适宜选用草本枕，一般的草本枕除了枕区还有侧卧区与颈枕区。草本药物最适合在秋季使用，可以有效地缓解颈椎不适。

冬季

冬季适宜选用保暖效果好的羽绒枕，蓬松的羽绒对头部有很好的呵护作用，特别适合供血不足和头部怕冷的人士，51 厘米 ×92 厘米的加长枕芯让整个冬季无比温暖。

贴心设计

轻松营造超具安全感的围合式枕边睡眠

根据不同的睡眠习惯，枕头分为高枕、中枕以及专门的功能枕、记忆海绵枕等。一般高枕和中枕的宽度为 50 厘米，长度约为 80 厘米，但填充物的重量却有所不同，高枕填充物的重量从 700 ~ 900 克不等，而中枕填充物的重量则小于 700 克。对于缺乏安全感的人来说，4 个枕头即可打造围合式的设计，具体操作方法如下：第一步，在头部摆放两个高度相当的枕头，便于夜间自由睡眠；第二步，在身体左右两侧分别摆放两个中枕或小抱枕，便于侧身睡眠时倚靠；第三步，在头部枕头两侧分别放置两条纯棉小毯或两件纯棉外套，便于胳膊伸出被子时作遮挡之用。此方法能够让缺乏安全感的人安然入睡。

1. 羽绒枕的清洁方式

推荐采用手洗的方式，将质地温和的洗衣粉放入水中，待其彻底融化后，再把枕头放进溶液中，用手不断地挤压枕头，直到彻底干净为止。尽可能挤出多余的洗涤液，然后用清水漂洗干净，接着把枕头内的水分充分挤出，最后将枕头平放晒干，使其重新蓬松柔软。

2. 乳胶枕的清洁方式

天然乳胶枕不可以采用机洗，手洗则尽量以挤压的方式进行。枕头在清洗时，会吸附大量水分而变得很重，所以挤压揉洗都在水中完成，如果取出水面则容易造成枕头断裂。每次清洗完毕都要捧在手里，小心地取出，以免断裂。然后用干毛巾或者其他吸水的材料，配合双手压干，同时避免阳光直接暴晒。如果希望干得快一些，那么建议每隔 2 ~ 3 小时用手挤压多余的水分，并搭配使用电吹风。

4 我那么开心，全因为有你

每个人都有取悦自己的理由，也许已经习惯得到别人的赞赏，反而渐渐忽略自己。其实，陪伴你前行的恰恰是你自己和最亲近的家人。加拿大多伦多大学的研究显示，和睦、其乐融融的家庭氛围能够延长人的寿命，相比有众多好友的人，家庭关系和睦的人更加长寿。研究人员对年龄在 57 ~ 85 岁的老人进行了测试，结果显示，感到家庭和睦的老年人在未来 5 年的死亡风险为 6%，而感到家庭关系不好的老年人在未来 5 年的死亡风险会上升到 14%。让家承载每个人的理想，托起我们共同的梦。我那么开心，全因为有你！

广告企划李白：没日没夜的工作，哪里还腾得出时间收拾家务，乱着乱着就越看越烦。

让你的卧室“锦上添花”

收纳整理不是一项艰难的任务
而是探索如何将生活过成自己想要的样子

方法一　其实你只是不了解自己想要的生活

很多人都觉得自己不会收纳，觉得太忙而没时间收拾房间，还有一些人总是喜欢“买买买”……其实我们并非不愿意收纳，也并不是不懂得“断舍离”，只是不清楚自己到底想要什么样的生活，也不了解自己的生活。

1. 自己动手，将卧室变成一个画廊

拥有艺术气质的你怎么能轻易埋没自己，想尽办法将卧室变得与众不同，美有很多种，既能展现才华，又能画个痛快，这样的卧室还忍心让它凌乱不堪吗?

2. 越不实用的东西，越要放在显眼的位置

也许你觉得很多东西并不实用，所以统统藏进柜子里，于是渐渐地忘记了它们的存在。很偶然的一次，使劲儿往柜子里塞东西，却塞不进去，于是郁闷万分。其实，那些非常喜欢却华而不实的东西，恰恰要放在显眼的位置，如果越看越喜欢，它们就充分展现了价值；相反地，如果越看越不喜欢，干脆就扔掉吧!

方法二　通过变换床品来美化卧室

若习惯一成不变的素色效果，可以考虑通过变换床品来美化卧室。床品的样式可以根据多个维度进行搭配，最终获得令人愉悦的卧室装饰感受。

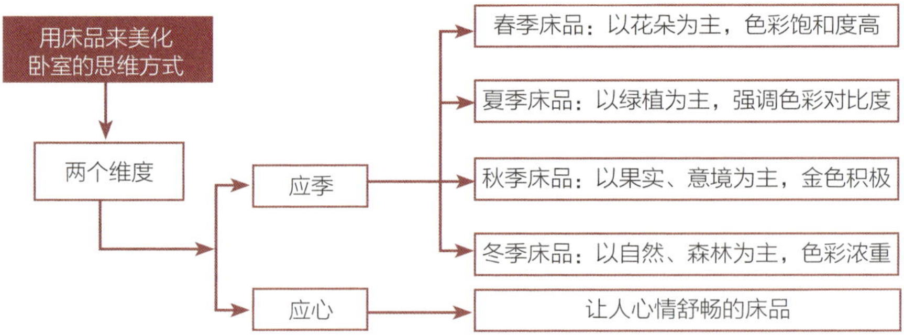

方法三　同样的空间，不同的气质类型

首先确定自己属于哪种气质类型，然后决定卧室如何设计。铆钉的皮沙发还是古旧的老物件？锈迹斑斑的痕迹还是打磨敲击的手工修饰？每一种美的背后都蕴含着一个殷切的期盼，吉他手的心愿在同样的空间中完全可以带有唯美浪漫的淑女味道。下面看看同一空间中不同的装饰效果吧！

贴心
设计

同一空间中不同的装饰风格元素拆解分析

墨绿色墙面

金色太阳形装饰镜

白色圆形枕边柜 +
金色装饰小物件

灰色 + 粉色床品

黑色小扶手沙发

长叶榕

白色绒毛地毯 +
咖啡色绒毛抱枕

设计说明：这组搭配以成熟稳重的色调为基调，两处用到金色，且在临近区域，在整体上提亮了空间的视觉效果。床品上的棕色毛毯让单调的床品层次分明，非常适合理性的人士。

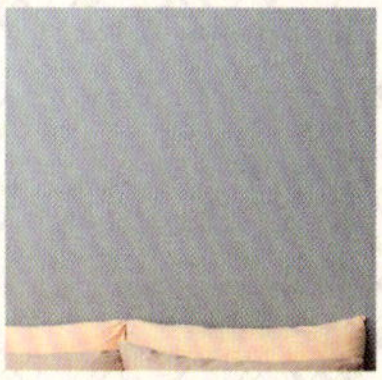

灰色墙面

几何马头绘画

几何线条枕边柜

石膏人像装饰

设计说明：一切物品看似毫不经意，包括白色单椅上的粉色水桶包，却和整体床品的色调搭配默契。在上一组同样的空间中，这组设计彻底颠覆了成熟稳重的视觉效果，带来浪漫知性、淑女般的气质感受。

粉色 + 橙色床品

粉色落地灯

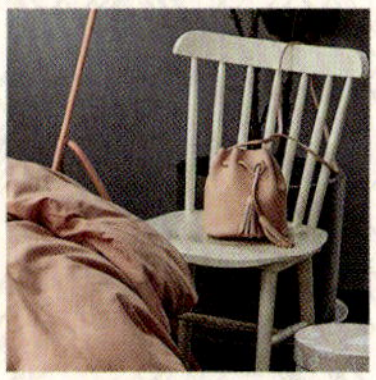

白色单椅 +
粉色水桶包

灰色墙面

绿叶拓印画作

枕边绿植

圆形边桌

粉色 + 紫色床品

白色毛线毯

竹椅 + 绒垫

设计说明：注重自然的融合，特别值得一提的是白色在空间中的运用，将原本的紫灰色调稀释开来，隐藏的点滴粉色把空间装饰得非常充实。同一空间中，不同元素的变换，尽显文艺清新之美。

强烈推荐的三种增加卧室新鲜感的方法

为同一空间更换不同的居住主题是增加卧室新鲜感的好办法：

电影主题，有没有一部让你痴迷的电影，比如《至爱梵高 星空之谜》，这绝对是一部适合卧室主题的电影，油画之美能够让卧室充满无限的想象。

旅行主题，禁锢在格子间的日子似乎遥遥无期，来一场说走就走的旅程也变得不可思议，所以关上门，从东京到北海道，来一趟日本之行，或者从布拉格到凡尔赛，去欧洲游历一番……

科幻主题，太空装备不再只是梦幻，虽然有一些不切实际，却能使你从现实的无奈中解脱出来。

在读研究生郝力：我喜欢《岛上书店》中拥挤的感觉，但希望除了书，还能有点别的……怎样增加卧室的文艺气息呢？

那一帘飘飘欲仙的织物

隐隐约约看见外面的世界
彼此之间相互隔离，但如此若隐若现

方法一 如何利用织物来阻隔灰尘

织物是遮挡、阻隔灰尘的“利器”。你是否遇到过买回来的防尘罩却装不进长裙子的情况？用织物充当防尘罩会省去很多麻烦，比如，不必担心各种尺寸问题。此外，拉开帘子，所有衣物一目了然，非常清楚，拿取也更加方便。

麻布是由亚麻、苎麻、黄麻、剑麻、蕉麻等各种麻类植物纤维制成的一种布料。麻布产品具有透气清爽、柔软舒适、耐洗、耐晒、防腐、抑菌的特点。

方法二　如何利用织物来提高睡眠质量

在冬季可选择深色、厚重的织物，具有更好的降噪效果，同时用织物对床进行围合设计，不仅聚气保暖，还可以缩小睡眠的空间，提高睡眠的质量。在夏季则选择比较轻薄的织物，在保证“小寝蜗居”的同时，起到预防蚊虫的作用，但挂帘后不易散热，所以应当兼顾内部的降温。

方法三　如何利用织物来提升卧室的文艺范儿

带有文艺气质的你是否喜欢文学、电影、音乐，以及仰望星空去探索未知世界和内心的感受呢？其实房间越小越容易营造文艺气息，而选择织物则是一种非常便捷的方式。那么，应该如何利用织物来提升卧室的文艺范儿呢？

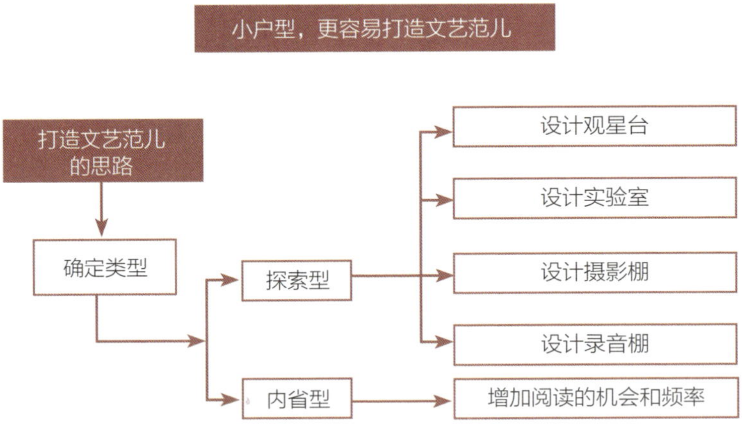

1. 用织物打造一个观星台

以天文望远镜为中心，配置舒适的抱枕靠垫、围栏的半躺座椅……一切在织物的包裹中蔓延开来。满天星的 LED 灯散落在织物中，营造出星空般的室内效果。

2. 织物用好，一举多得

在设计观星台的同时，分隔出一个简单的衣帽间。将穿衣镜固定在墙上，侧面用来吊挂只穿了一天的衣服，底部用来摆放换下来的鞋子。虽然这个空间还不到 10 平方米，却因织物而变得丰富多彩。

方法四 哪种帘子的挂法更适合自己

改变房间风格最简单的办法就是更换布艺，而卧室中的布艺，面积最大的除了床品，就要数织物了。各种帘子怎么挂才好看？到底有哪些挂帘子的方法？一块布就能解决大问题。下面推荐一些挂帘子的不同方法：

小叮咛

将卧室的织物保持一种色调，窗帘＋床品、帏幔＋窗帘，所营造出的和谐或碰撞之美都可能决定卧室的基调，这也是懒得收拾房间时最讨巧的方式。

1. 挂一侧

为窗户增添柔美之感。

2. 挂后侧

过滤卧室中的光线。

3. 随意挂

配合装饰元素。

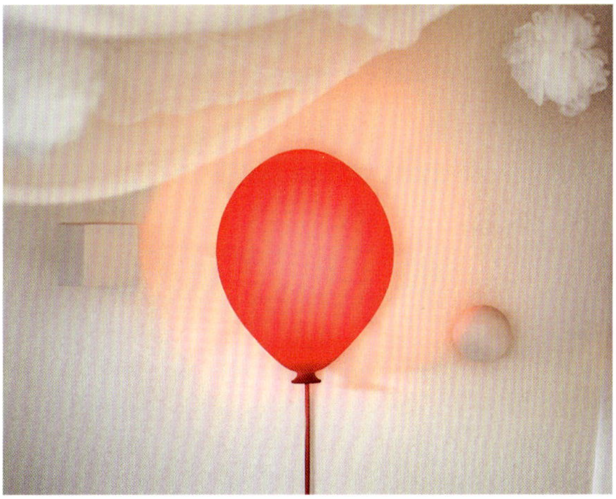

放松才更美，别硬撑了，衣帽架

经纪人丁萌萌：不喜欢专门的衣帽架，感觉硬邦邦地挺在那里，不仅占空间，看上去还有点吓人，有其他好办法吗？

有一种目标，叫迁就自己
生活之外的事情令人烦恼，让衣物随遇而安吧

方法一　如何设计一个迁就你的收纳空间

给自己一周的时间，在家里装置摄像机，监控自己一周七天的生活习惯，然后总结一下哪些位置是最容易随手扔放衣物的死穴？用一张纸将家的平面图画出来，然后用记号笔将这些死穴一一点出来。

1. 卧室放把扶手椅

扶手椅就像一个随时等候你召唤的服务生。如果空间面积充裕，建议在卧室里摆放一把扶手椅，脱下的衣服随手搭在上面，既方便又不凌乱。

2. 在标出的粉点区域中精心设计

就算是一条小丝巾，也不会轻易地在屋子里“跑来跑去”，甚至藏在沙发下面，久久不能被找到。让这样的收纳变成一种习惯，更成为一种独具个性的装饰。你的家，本来就很美。

方法二　充分利用每个维度的墙面，把衣服统统挂起来

有些衣服怕皱，有些衣服怕折，有些衣服怕刮起丝……有时候衣服好像比人还娇气，特别是第二天要出席重要活动时，更是花费大力气搭配着装。不想让衣服堆得乱七八糟，就得让它们全部“立”起来。

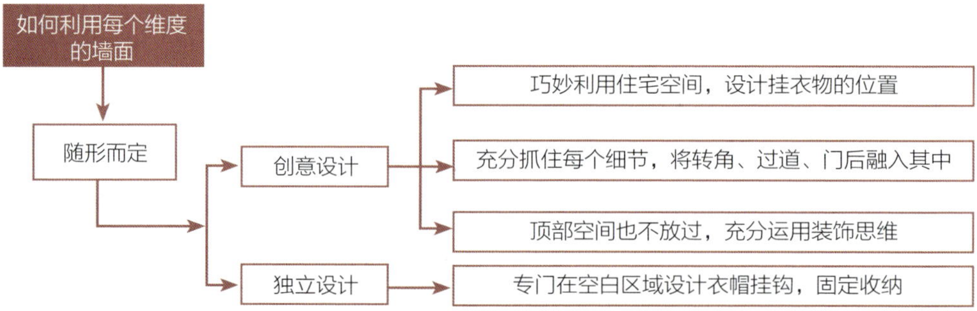

方法三　有墙的地方就可以放心挂

不要害怕破坏墙面的完整性，不破不立，与其小心翼翼地选择无痕挂钩，粘不牢固而掉下来，给自己制造麻烦，还不如大刀阔斧地选择中意的挂钩，彻底设计一番。

方法四 将衣物挂在头顶的高度

不仅是衣服，帽子也可以挂在头顶的高度。巧妙利用并不太高的天花板，将金色小挂钩固定在头顶的高度，丝毫不占用下面的使用空间，80% 的视线不会注意到衣物的存在，但视点稍高时，则定会赞叹屋主的巧妙心思。

茶庄店主刘芬：孩子出生后，我们和公公婆婆一起住，相处得不融洽，心情不好，懒得收拾屋子……

上有老，下有小，有你们真好

家人，是无可替代的存在
家人的幸福，便是自己的幸福

方法一　空间设计如何让家人享受卧室的温馨

在家里制定一条规矩，床单每三天洗一次，若时间不够则至少每周洗一次。
被褥盖久了会沾染细菌、湿气、潮气，最好三年进行一次彻底的更换。
老人的卧室中可以摆放一些画作和艺术品，让老年生活更有乐趣。
儿童房要注意低矮高度的准确性，保证孩子能够自主收纳。

方法二 让老人选择自己喜欢的床品

几代人一起生活的家庭，让老人自主做决定非常的重要，特别是床品的选择，让老人自己选择喜欢的样式。纹样、颜色、面料，不同时代的人对其有不同的见解，尊重即好。

小叮咛

老人卧室的设计以安全为主

卧室是提供连续睡眠的地方，而大多数老人都有起夜的习惯，所以老人的卧室应当避免物品的堆放，杜绝各种床边杂物，以安全为主。行动路径越简单越好，必须配有小夜灯，方便夜晚使用。

方法三　嵌入式的低矮设计，让孩子睡得更舒适

采用嵌入式的设计，顺势打造流线型的床铺，不必担心晚上孩子从床上滚下来，也不必担心孩子因踢被子而感冒。围合式的设计让儿童房更加温馨。

小叮咛

孩子的物品要独立放置以便养成好习惯

不要将父母和孩子的物品混合摆放。如果希望孩子提高阅读能力，那么建议在最下面的一格中摆放适龄的书籍，低龄儿童则以图片阅读为主，学龄前儿童可以采用拼音+文字的阅读形式，年龄稍大的孩子以灵活的文字读物为主。除此之外，与孩子约定好，收纳区的整理打扫由其自主完成，由此，孩子在独立整理的过程中获得成就感，一生受益。

方法四　为丈夫准备一个贴心的鞋架

或许很多女主人理所当然地认为衣帽间里以女士的衣物为主，但处于职业上升期的男主人，每天穿着干净整洁的鞋子，定会赢得更多的关注。因此，设置一个简单的架子，尽显妻子对丈夫的关心和体贴。

方法五 如何做到家具买得少，却让物品各居其所

增加一些可移动的小筐，避免不同的物品混在一起，翻箱倒柜却找不到。选择收纳筐时，最好保持统一的元素，或颜色或材质或造型，在满足家人喜好的同时，营造统一的视觉效果。

5 任何不以放松为目的的设计，都是“调戏”

卧室的设计不同于其他空间，想睡个好觉，想睡醒之后精力充沛、继续战斗。虽然前文中提到各种功能的优化和叠加，但说到底，卧室设计最重要的目的是让人放松。美国卡耐基梅隆大学心理学教授谢尔登·科恩通过研究发现：备感压力超过 1 个月，会使人得感冒的风险翻倍。研究显示，压力会降低人体对抗炎症的能力。当然，压力的负效用不止于此。因此，卧室作为家中最纯粹的空间，减压缓释应当是第一位的。任何不以放松为目的的设计，都是“调戏”！

疲惫 **你很累，我们都知道**

放松 **完全没必要假装坚强**

元素 **生活不仅有郁郁寡欢，还有脚下的地毯和手边的热咖啡**

满足 **用它们，帮你找到临睡前的幸福感**

外企秘书韩小苏：一个月有20天都在出差，这么忙、这么累究竟为了什么？回到家有时连床都不想上，累得就想趴在地上。

你很累，我们都知道

忙是一种状态，让我们感觉到自己的存在
累了，就好好睡一觉，毫无负担地醒来，继续前进

方法一　选择低矮的床具，让卧室令人更加放松

低矮的床具可以营造出慵懒的感觉，回归以天为被、以地为席的原始状态，更接地气儿，同时让原本局促的空间变得宽敞，无形之中提升了空间的高度。

小叮咛

低矮是床具以大约 440 毫米的高度为标准（此高度为被褥面距离地面的高度），过低容易伤害脊柱，偶尔换个姿势，不要长时间坐卧。

方法二　巧妙利用小型多功能收纳手提箱

想要在卧室中“懒洋洋”？那么，把收纳变成一种随时随地的行为吧！疲惫地回到卧室中，席地而坐，和爱人聊聊天，或者独自一人坐在垫子上，让脊椎自然地向上伸展，保持最佳的缓冲状态。

小叮咛

家居编织小物的养护方法

未刷亮漆的原色编织小物，沾染灰尘时，切忌用湿毛巾擦拭，以防灰尘全部贴在上面，越弄越糟。表面沾有浮尘时，只需用鸡毛掸子轻拍，去除灰尘，或者在室外将吹风机调至低档，吹去浮尘即可。

方法三　设置专门的放松区

想要绿植“从天而降”，卧室放松区中的垫子就要足够大，有一定的硬度，以便支撑整个身体。最好让绿植覆盖顶部的位置，带给人一种置身其中的感觉。

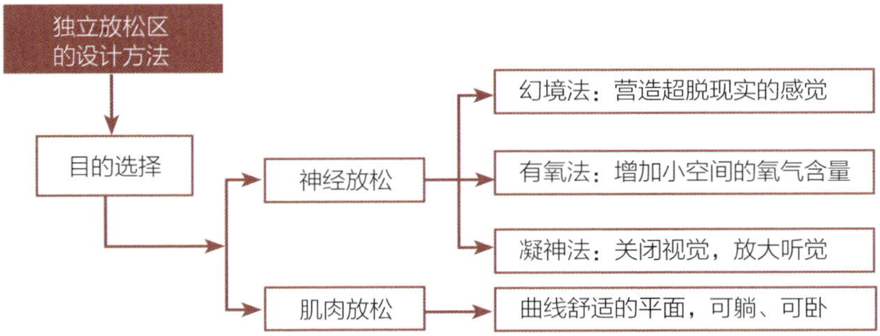

方法四　充分利用转角小区域，爱上小家具

再小的房间也能挤出一些被浪费的小区域，不经意间堆满各种各样的杂物。尝试发现卧室的转角处或与客厅衔接的走廊。心理研究发现，偶然邂逅的小惊喜会比殷切的期待更让人心旷神怡。

方法五 用一个地方收集阳光

日光浴所具有的强身健体效果是水疗的两倍。平日工作无比忙碌的上班族，应当充分利用卧室那一扇收集阳光的窗户，就算不喜欢收拾整理，也务必保持这个区域的纯净，让阳光自然渗透。每天清晨，进行三五分钟的日光浴，便会燃起全天的激情。

完全没必要假装坚强

插画师苏皖：我这个人情绪波动很大，忍久了真的很难受，为什么不能想哭就哭呢？

涩涩的颜色，用最懂自己的方式去诠释
有一些委屈，妈妈不会懂，我的卧室我做主

方法一　巧妙利用“酸葡萄”效应

在心理学上，有一种“酸葡萄”效应，是指人们因需求无法得到满足而产生挫败感时，为了消除内心的不安，编造一些“理由”进行自我安慰，以消除紧张、减轻压力。同理，在卧室设计中，可以选择一些青葡萄、柠檬或酸涩水果的颜色，以分解这种内心的酸涩感，用视觉舒缓内心，让平日的压抑与烦躁得到缓解。

方法二　卧室应当与你心有灵犀、共鸣多多

可以躺在床上看书，可以躺在床上吃早餐，可以躺在床上看花开花谢，还可以躺在床上欣赏每天穿的衣服，那种感觉只有懒人最懂。有这样一张床，它可以充当你的衣帽架，在前一天晚上就把你第二天要穿的衣服统统挂出来，然后等待你自信地一觉醒来。这样的卧室，是否与你心有灵犀、共鸣多多呢?

方法三　总有一些东西不知道该放在哪里

卧室里总有一些东西不知道该放在哪里，特别是小户型。和好友玩儿到深夜，一张床挤不下，不要硬撑，藏在角落里的折叠垫子，正好可以变身为客卧。平日里，使用和床单相同的颜色进行包裹，自然而然地，那些不知道该放在哪里的东西，自动地找到自己的“藏身之所”。

方法四 柔软的东西最能愉悦人心

在卧室里增加柔软的物品，能够让心情更加愉悦。这并非单纯的生理感受，事实上，柔软的材料通常由高分子构成，软材料的导热系数较小，更容易集聚热量，让人备感温馨。材料的屈服强度和导热系数成近似的正比关系，所以每当我们看见柔软的东西或者触摸柔软的物品时，都有一种暖洋洋的感受。

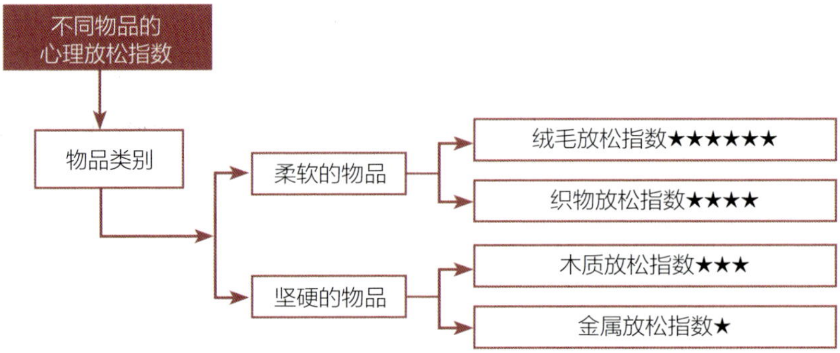

卧室中尽量避免使用金属材质，应以柔软且贴近大自然的物品为主，令人放松身心。

方法五　让一切物品各得其所，你会更开心

人的成就感来自方方面面。在卧室中，经过精心设计的衣柜，会令自己无比开心。选择透明储物的好处是所有物品一目了然，同样，选择透明储物是对自己整理能力的一大挑战。看见自己摆放的物品如此井然有序，是否很有成就感呢？

贴心设计

我和衣柜一起成长

12 岁 我的衣柜

主要是孩提时的衣物。那时捡哥哥姐姐的衣服穿，爸爸妈妈说："你还在长身体，衣服不要买得太多，一年后就穿不了了。"

22 岁 我的衣柜

终于大学毕业，为了找到好工作，给自己置办了精致的职业装，但因为收入有限，所以只能少买一点。即便如此，也成了月光族。

32 岁 我的衣柜

结了婚，生了孩子，收入也多了一些。虽然可以买自己想穿的衣服，但生孩子以后，柜子里却堆满了孩子的衣服。

42 岁 我的衣柜

日子在不经意间悄悄溜走，没怎么讲究，将将就就过了半辈子，我的衣柜竟然堆了这么多衣服，很多衣服一次都没有穿过，总觉得有一天肯定会穿的。

堆叠收纳柜，巧妙利用墙面进行收纳

堆叠收纳柜靠墙摆放，可以作为一个很好的组合收纳单品，每一格好像一个精致的展厅，建议在柜体内安装照明设备，让收纳变成一种艺术。切记要保持三分满，为自然的光影多留一些空间，以营造艺术化的效果。

买柜子，是个重大决定

房子还是那个房子，但人在不同的年龄段对于物品的需求是不同的。随着年龄的增长，衣服总是不断地增加。在当季一次都没有穿过的衣服，一定要扔掉。不要幻想自己以后会有超能力，变得更加时尚。设置并遵循“买一件扔一件”的良性循环，珍惜衣柜里的衣服，守住自己的钱包。如何挑选柜子，建议参考“我和衣柜一起成长”的内容。

香氛治疗师青圃：我希望卧室更温暖，不只是温度，更要让人心情愉悦，不希望收纳变成一种束缚。

生活不仅有郁郁寡欢，
还有脚下的地毯和手边的热咖啡

把知觉带入日常生活
每当情绪低落之时，尝试改变一点
用方便轻松的方式，给自己多一些机会，随时随地深呼吸
我们有很多烦恼，卧室的面积很难轻易改变，收纳整理之前，重新审视自己，究竟怎样才能更好

方法一　穿过一次的衣服该怎么放

一周七天，每天都想穿不一样的衣服。换一套衣服，换一种心情，也是愉悦身心的好办法。那么，如果每套衣服只穿一天，也不可能穿一次就洗，这么多的衣服该怎么放呢？不同的衣服，处理方法略有不同。内衣等贴身衣物要随穿随洗，厚一些的衬衫、牛仔裤、风衣、外套等，则在穿过之后，先用衣架挂一天，若无污渍则用蒸汽熨斗稍微熨烫，不仅能保持衣服的平整，还可起到瞬间杀菌的作用。当然，还可以用鼻子闻一闻，看看是否留有异味，再决定何时洗涤。

方法二 简约收纳——不用时时刻刻对自己要求那么严格

人的大脑思维模式不同，所选择的收纳方式也应不同，这样可以避免身心疲惫。不要把收纳整理当成一个任务。对于右脑思维的人来说，整理琐碎的文件绝对是一件痛苦的事情。因此，建议先弄清楚自己的大脑思维模式，然后采用适合自己的收纳方式。懂得收纳，便是幸福的开始。

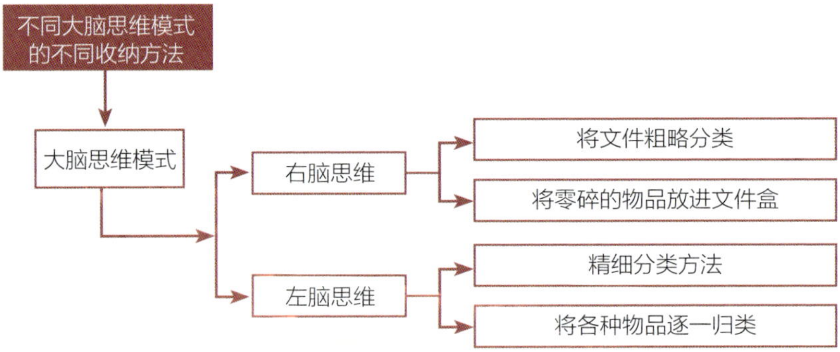

右脑思维的人：直觉特别敏感，非常感性，富有创造力。

左脑思维的人：非常擅长日常管理工作，很有毅力，善于关注细节。

方法三　选择小地毯的好处

对于小户型来说，大面积的地毯不仅不方便打扫，而且容易失去居住的乐趣。小地毯的好处是想换就换，特别是在卧室中，地毯可以根据床品的色调进行搭配，也可以根据不同的心情予以更换，从而营造居住的新鲜感。关键是你会发现搞定它的卫生，真的很容易！

方法四　家，可以变得随意一点

不止一次提到沙发床的运用，然而这次不是为客人准备的，而是为自己准备的。巧妙利用阁楼的天窗，在这里设计一个可卧可坐的区域，晚上看星星，白天躺在这里，在自然光的映衬下，悠然地看看书。检查一下，家里是否有一些有趣的空间结构，还没有被发现呢？

心理咨询师谭敏：我每天都会为穿什么衣服而烦恼，有时连觉都睡不好！

用它们，
帮你找到临睡前的幸福感

清晨，可以自然地苏醒

不用匆匆忙忙地为今日的着装而焦虑，让日子更加从容

方法一　一切为了明日

在卧室中准备一个衣帽架，不必很大，靠墙放在角落或转角处即可。临睡前想想明日的工作计划，将期望的出行模样用成套的方式呈现出来，不仅有衣物和鞋子，还包括配饰、礼帽，甚至墨镜，明日的装束也可在就近的置物台上陈列出来，让整个夜晚在对明日的期盼中蔓延出丝丝甜蜜。

小叮咛

文件一份都不能少

明日要讨论提案，有重要的工作会议……卧室中最好有这样一个小区域，把临睡前准备的文件清晰地摆放出来，避免早晨睡得迷迷糊糊时遗忘。

小叮咛

所有物品，成排陈列

临睡前的心爱小物件儿该如何收纳呢？这与单纯整理的最大不同在于，在这里每个物品都是主角，主角必须摆放在聚光灯下最闪亮的位置，不仅光鲜亮丽，而且使人自信满满、安睡整夜。

小叮咛

根据主题，把喜欢的小物件统一摆放

不喜欢过于零碎的分类，索性按照大类，把整个抽屉统统留给一类物品。相比严格的划分方式，大类的划分更加轻松，每个单品的尺寸没有太严格的限制，而需记住，海盗王、假面舞会等游戏物品放在最下面一层抽屉即可。

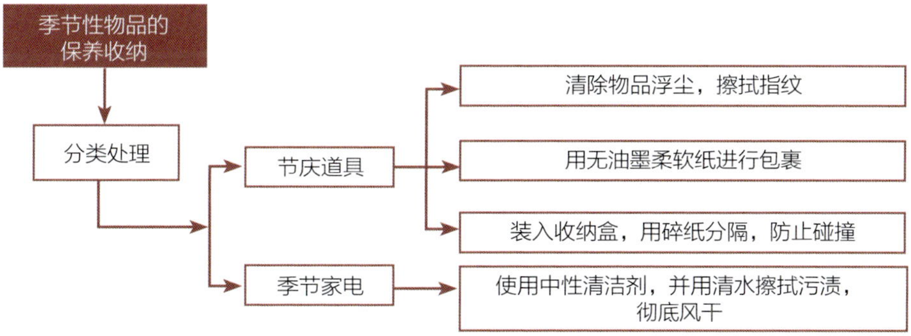

方法二 形成良好的自控力

建立一套床边的收纳体系，推荐“盒 + 架”的搭配方式，特别是单身人士居住的小户型，不仅能够很好地分隔小空间的功能，还能够保证足够大的收纳空间。最关键的是，你可以形成良好的自控力，物品只要快超出收纳盒的容量，便不必再买了。